舌尖上的龙门阵

美食家带你寻味重庆
探秘 55 例地道美食

味道重庆

陈小林
卢郎
——编著

重庆出版集团
重庆出版社

图书在版编目 (CIP) 数据

味道重庆：舌尖上的龙门阵 / 陈小林，卢郎编著 . —重庆：重庆出版社，2020.2

ISBN 978-7-229-14567-5

Ⅰ.①味… Ⅱ.①陈… ②卢… Ⅲ.①饮食—文化—重庆 Ⅳ.① TS971.202.719

中国版本图书馆 CIP 数据核字（2019）第 249646 号

味道重庆——舌尖上的龙门阵
WEIDAO CHONGQING——SHEJIAN SHANG DE LONGMENZHEN

陈小林 卢 郎 编著

插 图：珠子酱
封面题字：江省吾
责任编辑：刘 喆 苏 丰
责任校对：刘 艳
装帧设计：刘 倩
摄影摄像：彭 静 田道华 喻祥江 胡 罡

 重庆出版集团 出版
重庆出版社

重庆市南岸区南滨路 162 号 1 幢 邮政编码：400061 http://www.cqph.com
重庆出版社艺术设计有限公司制版
重庆博优印务有限公司印刷
重庆出版集团图书发行有限公司发行
全国新华书店经销

开本：889mm×1194mm 1/24 印张：8.75 字数：220 千
2020 年 2 月第 1 版 2020 年 2 月第 1 次印刷
ISBN 978-7-229-14567-5
定价：42.00 元

如有印装问题，请向本集团图书发行有限公司调换：023-61520678

舌尖上的龙门阵

——漫话重庆市井与乡土美食

　　重庆位于中国内陆西南部，地貌以丘陵、山地为主，坡地面积较大，有"山城"之称。重庆气候温和，属亚热带季风性湿润气候，冬暖夏热，无霜期长，雨量充沛。因秋冬多雾，重庆又被称为"雾都"。

　　重庆多山，全市境内皆能见山。山上生长的竹笋、菇类和农家养的猪牛羊鸡鸭等食材十分丰富，浓郁的巴人乡土气息在山丘间弥漫。农人穿行于竹林间，挖一篓竹笋，在院坝剥去外壳，于沸水中焯一下水，切成片状晾干，就成了可佐各种荤菜的笋干；也可以切一碗新鲜笋片，再从灶台上取一块腊肉，鲜笋炒腊肉的香味便在老屋

里久久不散。有心人只要穿过一垄竹，绕过一口塘，在青瓦房前的空坝上，就会遇见或为婚娶、或为新居落成、或为小儿诞生、或为老人寿辰而置办的九斗碗酒席。古朴的大方桌，粗糙的长条凳，杂色的土斗碗，一道道菜依序端上桌。全村男女老少全来了。浓郁的乡情在闹哄哄的劝酒、敬酒声中弥漫。

重庆多水，其境内大小河流不下百条，再加上数不清的池塘水库，盛产各种鱼虾水产。夕阳西下，渔歌唱晚，飘摇的渔舟升起袅袅的炊烟。打鱼的人家就着河里的水，将刚打捞的鱼扔进锅里，熟时撒点盐，鲜香的气味便随着渔舟的摇晃四处飘荡。天晚了，大江大河里的行船便寻个码头泊下。炊烟从一艘艘船上飘起，劳累了一天的船夫们围着饭锅坐下，拿出自己从家里带来的咸菜、豆腐乳、自酿豆瓣、酢海椒、老腊肉。河岸上，依稀飘来孩童稚嫩的歌声："船老板吃的啥子菜哟，咸菜、豆腐乳；船老板吃的啥子肉哟，肥肉、盐烧白；船老板的婆娘在哪儿哟，合川，湾里头；船老板晚上干啥子哟，抱着船板想老婆……"

重庆的建筑大多傍江依山而建，一面临江，一面靠山，中间是青石板铺就的路。晨曦微启，小摊的老板推着"吱儿吱儿"的小车沿着青石板路缓缓前行，他们苍凉或清脆的嗓音吸引着早起的人们——炒米糖开水、油茶、醪糟鸡蛋……一旁的店铺也推出自己的早点——大饼、烧饼、油条、麻辣小面……到了中午或晚上，河水豆花、水煮花生、回锅肉、麻花鱼……琳琅满目的菜肴沿街排布。忙碌了一天的人们，会邀两三好友，来半斤老白干，就着二两椒盐花生，细细地品着酒的滋润和花生的醇香，末了，再就着豆花吞两碗饭，抹抹嘴唇，一天的劳累，一天的光阴，就在这自我陶醉的满足中过去了。

大山的云雾，竹林村舍的炊烟，江河湖塘氤氲的淡霭，青石板街道的古朴，共同孕育出富有巴渝文化特色的乡情、乡音、乡土菜。这是让人梦牵情绕的怀旧，也是让人扯不断的乡情，更是这喧嚣多变的大千世界埋在人们心底的那一份思念。

"起于青萍之末"的重庆乡土美食，开出了一朵奇葩——重庆火锅。重庆火锅曾经是重庆码头上船夫、走卒、下力人等贫民阶层用于果腹御寒的连锅杂菜，其所用食材几乎全是一般人家丢弃不用的畜类、禽类下水。火锅的特点是，吃时大锅熬煮，为御寒多下辣椒，为除湿多下花椒，为开胃多下老姜，别人丢弃的牛油也熬在里面，菜市场的"把脚菜"也扔进锅里……捧一只大碗，盛着冒尖尖的饭，劳累了一天的下力人围着锅"唏唏呼呼"吃起来。但是这样胡乱的一锅，味道居然是又麻又辣又鲜，吃得让人冒汗，吃得让人气畅。最妙的是这样的一锅，不用换汤，一个冬天都可以这样吃！日子久了，

火锅飘散的香味引来过客驻足，继而围拢观看，于是它的名声便传扬开来。

以宋时诗词流派来比喻，重庆火锅可谓是美食中的豪放派。红汤翻滚时，腾起的缕缕热气中携着麻麻辣辣的浓厚气味，如同关西大汉手执铁绰板，迎风高唱"大江东去"。

与火锅相比，流传在重庆地界上的中餐可算作婉约派。其虽味型多样，调料也有辣椒、胡椒、花椒及豆瓣酱等麻辣之物，但这些麻辣之物只是调味品。按不同的配比，厨师用它们调出麻辣、酸辣、椒麻、蒜泥、红油、糖醋、鱼香、怪味等各种味型，浇淋包裹着食材。而这些美丽诱人的食物正如同妙龄女郎一般，拈着红牙板，浅吟低唱"杨柳岸，晓风残月"。

慢慢地，一种融合了重庆乡土美食和重庆火锅精华的菜式出现了，那就是重庆江湖菜。

江湖菜源起于 20 世纪 80 年代初。当时一股"吃鲜、吃活、吃跳"的食风，掀起了一场川菜创新的狂飙，给沉闷的重庆食苑吹来猛烈的麻辣之风。"忽如一夜春风来，千树万树梨花开"，各种以麻、辣、鲜、香、嫩为主的菜肴布满重庆的大街小巷。

摄影：陈小西

掀开序幕的就是来凤鱼，厚池街的口水鸡为其接力，津福的酸菜鱼、歌乐山的辣子鸡承其余韵。

而今，来凤鱼虽已成明日黄花，但它倡导的麻、辣、鲜、香、嫩的烹饪风格，早已"润物细无声"地潜入重庆美食之中。"辣子系列"中的辣子鸡、香辣猪手、辣子田螺、辣子肥肠、辣子腰花等；"麻辣系列"中的泉水鸡、芋儿鸡、麻辣鱼、乌江鱼、璧山兔、球溪河鲶鱼等；"酸菜系列"中的酸菜鱼头、酸菜肚条、酸菜泥鳅片、酸菜田鸡等；"泡椒系列"中的泡椒牛蛙、泡椒回锅肉、泡椒童子鸡等美食都从不同角度承袭了"麻、辣、鲜、香、嫩"的特点。

这场风靡巴山蜀水，乃至波及全国的革新菜式，被戏称为"江湖菜"，后经厨坛前辈、文人墨客的反复争论，被鉴定为"重庆川菜"。

重庆菜虽源于川菜，但比传统川菜灵活，敢于创新，配料与主料往往平分秋色，配料超过主料的菜也比比皆是，甚至一些菜肴的调料分量就远超过了主料。这种大胆的革新，使得重庆菜总是透出一股麻辣鲜香交融的铮铮霸气。

重庆多山多水的地域特色，孕育出了众多特色美食。若从板块上划分，大致可分为这么几大块：一是以山地为代表的山野板块。这类美食以山上的特产为资源，烹饪手法较为单一，是典型的地域美食或特产美食，其代表有南山泉水鸡、歌乐山辣子鸡、仙女山烤羊肉等。二是以长江、嘉陵江、乌江等江河湖泊上的食船为代表的江河板块。这类美食烹饪手法多样，原料大多以江河湖泊里的鱼类为主，是典型的水产美食。三是以滨江路为代表的滨江板块。这一板块包罗万象，从酒家酒楼到街头巷尾的豆花馆，都属这一范畴，花样繁多，是重庆美食的主流。这一支的特点就是善于自创菜品，以致美味新菜层出不穷。至于重庆最有特色的火锅，属"天马行空"板块，不受任何地域限制，在大街小巷，高楼市井，甚至穷乡僻野，都能闻到它麻麻辣辣的味道。

味
道
重
庆

　　在这些特色鲜明的饮食板块中，传统的乡土美食，却若一朵朵小花，错落有致地分布于这几大板块之中，无意争春，却也把春来报。

　　乡土美食像简单而悠扬的笛声，穿越过历史空间——儿时磁器口石板街上煮猪杂碎的大锅，散发着浓郁的香气；现今磁器口街上的毛血旺馆子依旧招徕客人；抗日战争时期就闻名遐迩的千张、椒盐花生也重新露出昔日面容，麻花鱼、陈麻花各领风骚；距离磁器口不远处的歌乐山上，辣子鸡还是那么热辣劲霸；可转到南山上的泉水鸡，又温柔得如同呢喃少女；往南走去，金佛山的方竹笋、黑竹笋；长寿的血豆腐；武隆的羊角豆干；涪陵的榨菜——一道道倾注着乡音乡情的菜肴，无论世事变迁，依然香如故。

　　这就是重庆乡土美食的魅力，用竹的绿翠，荷的清香，青石板的厚重，江河码头的憨厚，大山的粗野和灵秀，轻轻地撩拨着思乡人的心扉，细细地述说着乡音和乡情。

目录

MULU

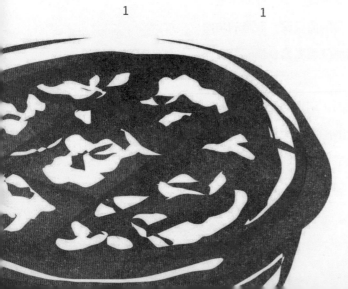

chapter 2
第二章

个性张扬的

味道江湖 ——

47

chapter 3
第三章

妙趣横生的

乡情吃趣

101

chapter 4
第四章

梦萦情牵的

美味岁月

161

Epilogue
后　记

192

第一章

「气韵生动的

市井食风」

趣话苍蝇馆

在重庆，无论是在主城区，还是在各区县，无论是大街小巷，还是码头车站，都或均匀、或零乱地分布着一些小餐馆。重庆人戏谑地将其称作苍蝇馆子。

苍蝇馆子中的"苍蝇"二字，在这里有几层含义：一是指其小，一眼灶，三两张桌，甚至一张桌，或支在路旁，或贴着屋壁。桌子是土桌子，没上漆，稀牙漏缝的，布满油渍。凳就五花八门了，有的是老板凳，油腻腻的不说，坐着还"吱儿吱儿"直晃，有的是塑料独凳，支在高低不平的地上，也是一歪一晃的。二是指其如同苍蝇一样，无孔不入，只要是有人烟的地方，都能见到这样的餐馆。甚至新开工的楼盘，只要建筑材料一进场，施工人员还没到位，竹席子一围，或篷布、塑料布一圈，旁边定会出现好几家这样的餐馆。这样的餐馆会更简陋，一张木板一搭，就是桌子，里面客人坐不下了，就在露天再搭板，晚上数星星，白天迎太阳，老板、食客依然乐乐呵呵。三是指食客多，一到吃饭时间，简陋的餐馆便食客如鲫，一个个脑袋趴在那或油腻腻、或摇晃晃的桌上，旁若无人，大快朵颐。

别小看苍蝇二字，追本穷源，史上也有雅的一面。《史记·伯夷列传》曰："颜渊虽笃学，附骥尾而行益显。"说的是蚊蝇附在马的尾巴上，可以远行千里，指颜渊跟随孔子，提升了名气。苍蝇馆子则是咬定人群不放松，有人就能做生意，就能发财。

苍蝇馆子经营的菜品都是家常菜，随意、灵活，甚至有些零乱。没有菜谱，客人走进来，只需说出自己要点的菜就行。如是生客，或者客人稍稍露出点儿

犹豫，老板就会热情地介绍："想吃啥子？有回锅肉、炒肉片、蹄花汤、烧肥肠，包你吃得安逸！"

如果客人问："素菜呢，有哪些？"

老板就会指着零乱摆着的小菜，哪怕只得几样，也会这样回答："看嘛，都是时令小菜，哪样都有。"

倘若客人点出没有的："来个鱼丸子汤。"

老板就会夸张地瞪着客人："那有啥子吃事？你看这天，不如来个西红柿鸡蛋汤？酸甜溜溜的，醒酒解渴又营养。要不丝瓜豆腐汤？"

苍蝇馆的老板很热情，服务员、灶上师傅也很热情，只要你走进去，都能享受热情的服务。面嫩的客人虽然不想吃，也不好意思拂了这热情的意。于是老板的笑意更浓了，扯着嗓子对着近在咫尺的灶上师傅喊："回锅肉、炒猪肝、空心菜、丝瓜豆腐汤！"

随着灶上师傅的锅里"吱儿"一声爆响，满屋满街都弥漫着一股香味儿。

苍蝇馆子一般早上不开张，临近中午才开门，一直开到晚上。晚上的时间就没有限定了，只要有客人，会一直开着，除非是菜品卖完了。它们的菜品很简单，就那么几样家常菜，荤菜一般就是回锅肉、炒肉片、烧肥肠、蹄花汤、蒸烧白、炒猪肝等，素菜都是随时令走，但西红柿和豆腐是少不了的。这里没有高档菜，连鱼虾也基本上没有。虽然在这里吃饭是现炒现上桌，但极快，不会让客人久等。例如回锅肉是早切好了的，下锅爆炒加调料、配菜一会儿就能上桌。有的苍蝇馆子连肉片都是先烫熟了的。在准备的时候，将瘦肉切片，码味上浆，在沸水里汆一下，捞起后放入冰水里浸凉，然后沥干水分码起。这样的话，肉片现炒现吃，依然柔滑嫩爽。

有的苍蝇馆子是全天候经营的，早餐也有，大多是卖小面，分清汤和红汤两种。有的苍蝇馆子，会在门口安放一只炉，上面支着一口大锅，上午九点左右，将磨好的豆浆倒进去，待烧沸后，就熄了火。掌勺的大妈一手拎着勺，一手端着一只大碗，碗里是加了清水的卤水，用勺一点一点地将卤水放进豆浆里，再用勺轻轻地在豆浆面上抹，将卤水抹均匀。慢慢地，豆浆起"花"了，一簇一簇地在锅里晃。这时，大妈就将一只筲箕放进锅里，轻轻地一压一按，还将多余的水舀出来，晃荡零散飘浮的"花"在筲箕的挤压下，凝紧了。这时大妈再用菜刀在上面横横竖竖地划几刀，一锅白白嫩嫩的豆花就做成了。有的苍蝇馆子连做饭都在外面路边，路人就会看到米如何下锅，如何在半生时沥在筲箕里，然后放进甑子里蒸熟。

这时候的苍蝇馆子就如同一所免费的餐饮学校，教你做豆花、做沥米甑子饭。你也可以站在炒锅边，看大师傅操作，学炒家常菜。这里的师傅不怕人偷艺，而这些菜也没有什么诀窍、秘密，操家的主妇会，高档酒楼的厨师更会。但凡是在苍蝇馆吃过的人都忍不住会说，这么简单的菜，比大酒楼的还香，还鲜，还好吃！美味的原因只有一个，这儿的菜是炒好就上桌，而且是单份炒，一上桌客人就直接动筷。厨界行家都知道，菜肴，在75℃左右是最鲜香的。高档酒楼，哪怕掌勺的是国家级厨师，菜肴做好后送到桌上，其温度已经低于这个75℃了。在家里做饭，也要等几个菜炒好了再一起上桌，这时饭菜的温度也低于这个温

度了。尽管有不少食客知道"一盐提百味,一咸就败味"的行话,却少有人知道"一烫增鲜味"这一行话了。

苍蝇馆子里也有酒,大多是重庆人喜爱的重庆啤酒和老白干。客人慢慢地品着酒的滋味,有一搭没一搭地同老板扯着闲话,或听着其他客人"扯闲篇"。听着听着,也可能会有人加入讨论。附近过路的闲人,也会围拢加入讨论中。那时,苍蝇馆子仿佛成了茶馆,喝酒的人慢悠悠地喝,吃饭的人慢悠悠地吃,闲汉们也散乱地竖在周围,听着,说着。时光就这样悄悄地溜走了,日子就这么悄悄地打发了。

苍蝇馆子是重庆的市井风俗画,代替着已经消失的老茶馆,沉淀着重庆人的饮食文化、码头文化、市井文化。

重庆 夜啤酒

夕阳斜斜地还没有落下，一些门外有空地的店家就忙碌起来，将空地清扫干净，支起一张张桌子，在桌子上摆好碗筷和餐巾纸。店家的厨房也开始忙碌起来，从中飘来的油烟味、麻辣味，混杂着炙烤的焦香味弥散开来。一些门外没有空地的店家，也要贴着墙壁支起两张桌子。暮色降临时，店里渐渐地有人来了，三三两两或三五一群，挤占着桌子。跑堂的就忙了，或将盛满菜肴的碗或盘递到桌上，或用肩扛着一箱一箱的啤酒送到桌旁，又顺手将开瓶的开刀丢在桌上。这时，说话声、欢笑声、打闹声汇集成一片闹哄哄的嚷嚷声，像一群嬉闹的麻雀叫声，在暮色中传开来。

喧哗的城市沉寂了，重庆的夜啤酒登场了。

重庆夜啤酒始于何时，没有人认真考证过。但热爱夜啤酒的重庆人，有一些特点却是人所共识的。有人说，重庆人吃饭，就算店家只有两张桌，一张在街边，一张在店内，肯定街边的先坐满。若是相邻的两家餐馆，一家堂皇清雅，一家是门外的大排档，那肯定是大排档更火旺。也有人说，一个重庆人得到食物，他决不会悄悄吃、静静吃、单独吃，他要公开吃、当众吃、闹着吃。重庆人这种好张扬、凑热闹的性格，与重庆独特的地理环境有关。

重庆多山，在以前，依山而建的吊脚楼比比皆是，窄巷窄街星罗棋布。若哪家说话稍稍大声点儿，邻家都听得清清楚楚；一家炒菜，满街满巷都可闻香。街坊邻里之间，张家串，李家进是常事。自家吃饭时，哪怕是稀饭咸菜，也要蹲坐在门口，同邻里闲聊着才能吃下去。到了夏天，屋里闷热得待不住人，太阳刚一落下，家家户户就在自家门前洒水降温。暮色降临，各家又都将竹编的凉板、木板、凉椅等物什摆出来，一家挨一家，满街满巷挤挤麻麻的，远望像一张大通铺。纳着凉，闲聊着张家长、李家短的龙门阵，人们一天的光阴就这样打发过去了。

这日子，延续了几百上千年。

如今城市变了，旧式的民居也被新式的居民小区代替了。人们不再端着碗、

串着门吃饭了，可感情还是要交流的。这夜啤酒，就如同过去邻里之间的串门，成了最好的交流方式。

邀三五好友，占据一张桌子，也不要什么好菜，盐水煮毛豆角和五香花生即可。缓缓地剥开豆角，头一仰扔进嘴里，慢慢地咀嚼着，让豆角的清香盈满口腔，再抓两颗炒花生米，细细地嚼碎，让花生的焦香味与豆角的清香融合在一起，仿佛闻到了田野里春天的气息。仰头再灌一大口啤酒，就会将这股春的气息牢牢地锁进肚里。嘴馋了，再上个田螺、猪脚，一盘香辣小龙虾，或者鸡翅、烤鱼。抿一口酒，吃一口菜，仰头望一眼星星，任夜风拂去衣上的灰尘，让酒洗涤着一天的劳乏。一人两瓶啤酒，就可以聊上几个小时。尽兴了，同好友道别，挥一挥手，不带走一丝的烦恼。

也有拼酒的客人，一落座，就叫来跑堂的："先来两箱啤酒。"菜未上桌，就急迫地开了啤酒，一人一瓶，抱着瓶子吹，等菜上齐，一箱啤酒便已空了。

过一会儿，他们脸红了，声音也大了，手儿也张扬起来——豪爽的，拍着胸口说还能喝；粗犷的，扯起嗓子喊再来两箱；冷静的，连忙劝着，解释着。最后，要么是一众蹒跚着离去，要么是几个人扶着一人离去。

情侣就比较安静了，两个人慢慢地喝着，絮絮地说着千百年来情侣们常说的话儿，流连于这闹哄哄场合中的二人世界。

这就是重庆的夜啤酒，这里可以谈工作，也能谈理想；可以谈时事，也能谈风流；大千世界，芸芸众生，都是可谈可论；工作烦恼，家庭琐事，都可分享交流。

夜啤酒上菜的价格不是很贵，老板赚钱大多是从酒水上来，这也是吸引食客的一个原因。每家店的菜品都差不多，不外是虾螺、卤肉、排骨、猪脚、烤鱼等；也有素菜，多是毛豆、花生、豆腐干、豆皮、茄子、芋儿、土豆等时令蔬菜。真要说各家店的差别，可能就是大店菜品多一些，小店菜品少一些。在主城区的任何区、任何街，都有夜啤酒，哪怕是半夜一两点钟，都能找到夜啤酒。这些店的区别可能是一些店在室内经营，而一些店是大排档，摆在露天。江北区南桥寺转盘就有一个大坝子，一到晚上会有近上百张桌子，场面"闹嘛嘛"，人如过江之鲫。

夜啤酒兴起了，这个新的时髦能否成为又一轮传统，便是后人们的评说了。

重庆 坝坝茶

坝坝茶，就是摆在露天的茶馆，其位置可以是公园、河边的空坝上，也可以是在街头巷尾的空坝上。在这些地方，只要摆上桌子和椅子，就成了一个小小的茶馆。

坝坝茶是由公园茶馆延伸繁衍出来的。不知从何时起，重庆的各大公园：沙坪公园、鹅岭公园、枇杷山公园、动物园及各区文化馆的茶馆往往人满为患，一到周末，更是一座难求。一些茶客不愿挤在里面受罪，就端着茶杯，寻到垂柳下、花丛旁，边品茗，边欣赏周围景致，边同朋友交谈。

初始的坝坝茶，大多是在环境优雅或有自然野趣之地，如市文化宫，周围大树参天，幽绿深深，

时不时能见雾霭在树冠间旋绕。而这里，早晨来的茶客大多是遛鸟的老人。他们会将鸟笼挂在树枝上，品着茶，听着鸟儿的啁啾，交流着养鸟心得。过去我在长寿区工作时，每次上重庆开会或办事，必定要到文化宫或人民公园喝坝坝茶，或者到磁器口坐坐茶馆，感受重庆茶馆氛围，重温重庆的风土人情。

通远门过去是重庆古城陆路出行的必经之地，那里有重庆残存的一段城墙。在城墙公园喝坝坝茶，能见到黝黑的大炮、青色的箭垛。透过茶水袅袅腾起的热气，人们的眼前仿佛出现了冷兵器时代筑城、守城、攻城的历史，也仿佛看见那时的重庆人，络绎不绝地通过脚下的城门，奔向四面八方的情景。

珊瑚坝公园是长江泥沙淤积而形成的沙洲，坝坝茶临江而设。莺飞草长时节，邀几个好友，品着茶，远望天上白云悠悠、南岸群峰含黛，近观江水碧波荡漾、鱼翔浅底，耳旁仿佛响起"滚滚长江东逝水，浪花淘尽英雄……"的歌声。在这儿品茶，人们想要的就是放松感受，他们完全可以脱掉鞋袜，光着脚在沙子上行走，回归自然的不羁让他们显得非常真实。童心起了，还可以买只风筝，尽情地奔跑放飞；肚子饿了，拿着自己带来的食材，到茶摊老板那儿租套烧烤的行头，就可以烧烤野炊。但颇为遗憾的是，这个沙洲是季节性的，夏天洪水一来，就会被淹没。

在磁器口码头下方有一块季节性沙洲，那儿的坝坝茶也是沿江而设。清明前后，天气有些温暖了，茶客可以将小桌子抬到浅水里，将脚浸在水里品茶。

这片河水，曾是我儿时夏天玩耍的主要地段。那时嘉陵江上有很多木船，我们会游到木船上，让船载我们到上游，再跳入水中顺流而游回。江对岸的江北农场，也曾是我们的撒野之地。桃子熟了，我们就游过江，爬上树摘几个，再游回来细细品尝。在这儿喝坝坝茶，于我而言，能忆起儿时的许多往事，可以细细检索我的人生轨迹。

这一类坝坝茶，环境都较为清静，还有几分幽雅，茶客中年轻人也多。它们主要提供花茶、绿茶、铁观音、普洱等，不提供饮食，但有些茶摊含一桌免费提供一碟瓜子，或一碟炒豌豆。坝坝茶周围都有卖小吃的，远一点儿的地方也有餐馆，茶客们想就餐也很方便。

另一类坝坝茶，就市井而随意了。它们大多设在街头巷尾或居民区的空坝上，小矮桌、塑料小靠椅散乱地摆放着，不求整洁，只求能坐人。来这儿喝茶的，大多是老茶客，在自己家喝着不带劲，喝不出味儿，必须在茶馆喝。过去有专门的茶馆，如今大多被茶楼代替了，老辈人又觉得在茶楼喝不得劲，坝坝茶恰好弥补了他们坐茶馆喝茶的欲望。

在坝坝茶，茶客可以很随意，走拢去寻张凳子坐下，喊一声："来杯花茶！"不一会儿，老板或丘二就会一手端着茶杯，一手拎着一个暖水瓶走来，将茶杯放在你面前的桌上，水瓶放在桌旁。这类坝坝茶的茶叶种类少一些，除花茶外，只有绿茶、沱茶。这时，茶客又说："再来碗小面。"不一会儿，一碗麻辣鲜香的小面就会送到茶客桌上。这也催生了一些同时经营小面的坝坝茶，它们专门为一些没吃早饭就来喝茶的人服务。中午，也有一些茶客不愿回家吃，也在这吃碗小面，或者就近买个烧饼，就着茶水打发一顿。

喝坝坝茶时，有的是几人凑在一起，仿佛永远都有说不完的话，摆不完的龙门阵。有的茶客摆一副象棋，或者一副川牌，四周围一圈观战的看客，闹闹嚷嚷很是热闹。都说观棋不语真君子，但坝坝茶没有君子，只有打冲锋的卒子。

你说走马，他说走车，性急的干脆直接出手，拿起棋子就走。这样便惹得主角嚷道："张老歪，喊你下你不下，这个时候又来动爪爪！"

叫张老歪的就笑着说："你晓得的，我不能当主将，只能敲边鼓。"

坝坝茶里的茶客率真而随意。若一日没去，茶友们就会问："昨天没见你来呀，有事？"被问的人就会笑笑说："女儿回来了，陪了一天。不行哪，还是来这喝茶舒服。"大伙儿善意地一笑，话题就会围绕着儿女，摆起了龙门阵。

坝坝茶也弥补了一些人想打牌，但无地方可打的尴尬。这地方什么角色都有，扑克牌一摆，如同扯起了招兵旗，还怕没人来？喝着坝坝茶，斗着"地主"，生活就像天上飘着的白云，自由自在，惬意而平凡。

其实，茶客们自己也说不清楚，为什么迷恋坝坝茶，为什么一天不去心里就空落落的。这或许是重庆人的茶馆情结，在茶馆消失后，移情到坝坝茶上来了吧？重庆人的骨子里，延续着群居生活的血液。在茶的飘香中，三教九流各显招法，民风民俗扑面而来，即使是素不相识的人，你也可以借面前的茶水，吐郁闷之事，浇心中块垒。

我想，这是重庆人的性格使然——豪爽而喜交朋友。

重庆 冷酒馆

这里说的冷酒馆，是指专门卖酒的小店，同一些既卖酒，同时又卖菜的店不同。这类冷酒馆一般都很小，没有店名，屋里摆放的全是口小肚大且高的大瓦缸，里面盛着的都是散装白酒。大瓦缸的外面，都贴着大大的酒字。客人来买酒，也全是自己拎着个口小肚大的小瓦罐，往柜台上一搁："来两斤。"

来打酒的多是熟客。老板高声应着："来啰！"

打酒的工具是竹节制成的酒提子，有一斤的提子，也有半斤的提子，还有二两的小提子。老板边用提子打着酒，边同来人说笑着："我说高老二，今天婆娘大方了，给了你两斤酒钱。"

叫高老二的也不回答，只"嘿嘿"地笑笑，见

老板打完了，他又说："再来二两。"

老板也不搭话，将打好的两斤酒放在柜台上，又回身拿起一只土碗，提了二两，放在高老二面前。

高老二端起碗，送到嘴边，眯着眼，"嘘"地吸了一口，才睁开眼，将碗放在柜台上，吐出一口长气："婆娘，婆娘能打翻天印？是我高老二当家，想打好多我说了算！"

"算了吧，平时哪个都是一斤一斤的打？"老板不屑地说。

"平时嘛……这酒罐颈子那儿有道缝，打多了要漏，才补好。"高老二慢悠悠说着，又端起碗，"嘘"地抿了一口酒。

"真的呀，有条缝，我看看。"老板作势要来拎酒罐子，高老二一把抓起酒罐子，放在自己脚下："嘿嘿，我的酒罐，凭啥子要你看。"

"你呀，你呀，"老板笑呵呵望着高老二，用提子往酒缸里提了一点酒，倒在高老二的碗里："高老二，这是我请的客，恭喜你补好了酒罐子，可以打两斤酒了。"

这时又匆匆走来一人，对老板说："老规矩。"

"好的。"老板乐呵呵地应着，拿起土碗，提了二两酒，递到那人手里。

这就是重庆的冷酒馆，专营卖酒，也是一些老客人喝酒的地方。但这里没有下酒菜，连花生、胡豆也没有，更不用说烧腊卤菜了，喝酒的人都是喝寡酒。客人若要下酒菜，会自己去烧腊店或卤菜馆喊一盘来。也有的客人要了酒，从兜里掏出一个油浸浸的纸包，打开，里面包着一小包猪耳朵，但二两酒喝完了，只吃了一片猪耳朵，没吃完的再包起来，装进兜里，付了酒钱转身就走。

　　来冷酒馆喝酒的，大多是周围的街坊，以及附近下力的人。老板与客人都熟识，关系融洽而随和。客人都是有酒瘾的人，到时不喝酒，浑身毛焦火辣的不舒服；待二两酒下肚，如同甘泉浇灌了干燥的土壤，顿时如沐春风般舒畅平和。所以来这里喝酒的人，大都喝了就走，即使相熟的遇着了，也是各结各的账，这是约定俗成的规定。这里也不会出现喝醉的情况。在这些酒客眼里，冷酒馆就如同重庆的老荫茶摊，路人口渴了，掏钱喝一杯，解了渴就走。

　　在这里喝酒，要的就是自在、随意、无拘无束。

　　也有的冷酒馆，店面大一点，因为支了张桌子，常被酒客当作茶馆。几个

酒客围着桌子坐着，一人面前一只碗，碗里装着或多或少的白酒，时冷时热地聊着闲话，也不劝酒，要喝了，自己端起面前的碗，"吱儿"抿一口，然后缓缓放下。老板自己忙自己的事，就当没有这些人，若空闲下来了，就搬张凳子，坐在外侧，或看着这些酒客，或想想自己的心事。

我住家地的菜市场旁，就有四五家这样的冷酒馆。我常能看到下了夜班的人，不是忙着回家，而是坐在这样的酒馆里，喝着酒，望着菜市场里忙碌的人，与同桌的酒客聊着闲话。这时的冷酒馆，是闲人既能过酒瘾，也可打发时光的去处。

到了中午，忙碌了一上午的力夫会三五一群地来到冷酒馆，或二两，或三两，或半斤地买来酒，站着说闲话，将酒喝完，然后回家吃午饭。这时喝的酒，就如同午餐前的开胃酒。

以前，重庆这类冷酒馆很多，因为那时瓶装酒少，酒客都是打散装酒喝。现在，瓶装酒多了，冷酒馆因此也少了许多，但还是有，只是主城区少了，郊区、主城区的城乡接合部、区县的乡镇仍有不少，而且生意仍然兴隆。

古镇磁器口新街嘴的一株大黄桷树下的冷酒馆，是自己酿酒卖。每天上午出酒时，酒客可以买到最新鲜的酒。不同的是，卖家现在不用竹制酒提子了，而是用电子秤称；酒的品种也多了，虽然都是白酒，却有四十五度、五十五度、六十度、六十五度等好几个等级。只是，站在柜台边喝酒的人少了。现在的人生活好了，喝酒必须要下酒菜，故而打回家喝的人多了。但若周围闲人多，有酒瘾的人多，下力人多，还是会有打了酒站着喝寡酒的。

天天见面

天天面

　　如果你问重庆市民，日常在外面吃饭最喜欢吃的是什么，得到最多的答案肯定是麻辣小面。单说这麻辣小面，无论是主城，还是区县，无论是大街小巷，还是小镇码头，面馆总是多得如同满天的繁星，占据着醒目的位置。

　　这些面馆几乎都不堂皇，有着简陋的门面，里面摆几张桌，外面也摆几张桌。桌上放着油浸辣椒面、酱油、醋，还有一打餐巾纸或一筒卷筒纸。重庆面馆一般先吃后算账。客人来了，喊一声："下碗小面。"

　　老板或丘二就会问一句："红汤还是清汤？"

　　回答一句："红汤！"

　　或许对方还会问一句："宽的还是窄的？"

　　这里的"宽窄"指面的宽窄。你可以回答细的或宽的，也可以回答"随便"。然后寻一张桌坐下，一会儿，一碗冒着热气、红亮油浸的小面就送到你桌上，里面还浮着绿绿的青菜。吃完了，用餐巾纸擦净嘴边的油渍，喊一声"收钱"，老板这才过来结账。

　　有的面馆门外不摆桌，放一些塑料方凳，把方凳当成桌子，方凳旁边再摆一张塑料小圆矮凳。客人哈着腰，坐在小圆凳上照样"哈哧哈哧"吃得香。早餐的时候，还有老板推着小车卖面。车里有火有锅，车上铺着一张木板，摆放着调料和纸碗。客人端着面，或立在小车前站着吃，或端着碗边走边吃。

　　重庆人对麻辣小面的喜爱，融进了血液，渗透进骨髓，剪不断，却也说不明白。从外地出差归来，重庆人必定寻到面馆，来一碗麻辣小面。吃一口小面，那麻麻辣辣的滋味，如同一群小精灵在他的舌尖上跳舞，一股酥酥的、温馨的感觉从心底升起，仿佛这会儿他才收回了魂，定下了心：哦，回到家了。

就算是从不外出的重庆人，一日三餐都在家里吃的重庆人，隔个三五天，也会想去外面吃一碗麻辣小面。倘若女主人说："自己在家里下嘛，何必跑到外面去吃？"回答肯定是："家里的哪有面馆的好吃。"

吃面，必须是面馆的才好吃，这是重庆人的共识。

不少家庭主妇也精心研究过小面，并且照着面馆的配方仿制过作料，最后她们也不得不承认，同样的面就算是照着面馆那样放作料，也没有面馆的好吃。于是大家就得出结论：面馆的辣椒、花椒是天天"钟"（杵）的，新鲜，味道当然好。这里的杵，是指先用少量油将辣椒、花椒煎脆，再将它们分别放进用石头凿出的臼里，用长条的鹅卵石或木棒，一下一下地将它们捶成辣椒面或花椒面。

除了使用每天杵的新鲜辣椒面、花椒面外，还有一个诀窍，就是油辣椒的炼制。一般家庭制作油辣椒，大多是将辣椒面放进碗里，待锅里的菜油烧至六成或七成熟时，将油淋在辣椒面上，待油浸满辣椒面并溢出一部分时，就做好了。但行家制作的油辣椒，还有高温、低温、中温炼制一说，而有些面馆在炼油辣椒时还要加一些草果、核桃末、麻油等其他祖传秘方配料以增加香味。如此炼制好了的油辣椒香味挥发极快，必须每天炼制，才能保持其纯正的味道。花椒面的炼制也是如此。

重庆麻辣小面与众不同的特点就是那调料味。可别说，小面里的调料花样太多了——姜蒜捶成蓉再调汁，榨菜或芽菜切成碎末，香葱切成碎节，炒熟的花生米切成碎末，上面提到的炼制的油辣椒、红辣椒面、花椒面更不可少，还要加化猪油、炼好的菜油、酱油、醋……

重庆麻辣小面另一大特色：汤多，面完全浸在汤汁里。吃几口面，喝一口汤，那滋味，如同在嘉陵江或长江上行船——顺畅。而那汤就讲究了，是用新鲜的筒子骨、五花肉、土老母鸡或鸡鸭骨架熬制而成，有的还在熬制时加进一些秘制的材料，增加汤的鲜味。

重庆麻辣小面源于何时，人们没有一个准确的定论。有说是从四川担担面演变而来的，也有说是从码头的繁荣催生出来的。重庆多河流，有河就有码头，就有下力人。而吃一碗麻辣小面，又饱肚又暖和，而且又快，不会耽误下力时间，于是就有精明人将它推了出来。

如今，重庆的麻辣小面已成了重庆的一道亮丽风景，凡有人烟处，都有麻辣小面馆。

汤圆 _{包打}
不散

　　"包打汤圆不散"是重庆言子儿，是指某人手艺好，做的猪油大汤圆馅大皮薄，珠圆玉润，下锅煮不浑汤、不破皮。此语亦泛指某人做事有决心、有把握。

　　什么地方的汤圆最有名？要我说，重庆的汤圆最有名，重庆人"包打汤圆不散"。这不是"冒皮皮"（提虚劲），也不是人人都说家乡好的老套话。不信？你且听我慢慢说。在重庆，汤圆不只是年节里的一道传统小吃了，它早已融入了重庆人的日常生活。其中特别出名的汤圆有山城小汤圆、猪油大汤圆、四喜汤圆、巴山汤圆、鸡油大汤圆、麻柳汤圆、上横街肉汤圆、江津绿豆汤圆、彭水心肺汤圆、万

州腊肉汤圆、糯苞谷汤圆、巫山燕麦汤圆、巫溪芋薯汤圆……这么多样的汤圆，也并非千篇一律，一个模样，而是有大、有小，有扁、有圆；主料有糯米、有杂粮；馅有甜、有咸、有荤、有素。这里选几个颇具特色的汤圆介绍给大家。

渝中区八一路上的"山城小汤圆"，它制作的汤圆仅普通汤圆的四分之一大小，一口一个，甜香滋润，沁人心脾。山城小汤圆的独特之处主要在于皮薄小巧，用黑芝麻、核桃仁、花生仁、白糖和猪板油精制馅。这种汤圆煮熟后，外观滑润溜圆，白里透黑，形似龙眼，色如美玉。如果将煮好的汤圆装在青花瓷的小碗里，那简直是一件艺术品，让人不忍下箸。

传统汤圆一般用猪油调馅，而渝中区"临江汤圆"的汤圆用鸡油替代猪油。这里制成的鸡油大汤圆，皮薄柔糯，甘醇滋润，香气扑鼻。当用筷子夹开汤圆时，汤圆汁水中显现出一个个色泽明快的黄色油珠，馅中的瓜圆、桂花、蜜饯在鸡油的滋润下各显其妙。

"巴山食店"有一款"巴山汤圆"。这种汤圆的制法与吃法皆与众不同——汤圆面皮中加化猪油，以增加汤圆的光洁度；汤圆心子里核桃仁较多，口感特别酥香。店家另用炒得很香、磨得很细的黑芝麻面、黄豆面、白糖粉制成蘸味碟。汤圆"过桥"，沾而食之，还有又香又爽口的芝麻黄豆面可以解腻，令食者胃口大开，汤圆可就"遭殃"啰！

江北"上横街餐厅"的肉汤圆，在重庆堪称一绝，其有三个特点：一是汤圆皮的制作与众不同，一般的汤圆是用生汤圆面揉匀包馅搓制而成，而肉汤圆用生汤圆面煮成熟芡再与生汤圆面混合揉匀制成"三生粉"再包馅；二是汤圆心子与众不同，由肥瘦猪肉加芽菜、榨菜和豆瓣制成；三是汤圆的煮制与众不同，汤圆先在开水锅中煮至半熟，再转入用猪骨、老姜、黄豆芽、墨鱼、金钩制成的汤中煮熟，让汤圆吸足骨汤的美味。这种汤圆滋糯，心馅爽口，汤味鲜醇。

无独有偶，万州二马路"牛肉店"制作的腊肉汤圆，也很受食客欢迎。这种汤圆以腊肉颗与鲜肉颗做馅，其成品为椭圆形，煮熟后加酱油、小葱花、胡椒面调味。

可若论奇特，还有种加了臊子的麻辣汤圆。彭水县郁山古镇的"心肺汤圆"就是这种风味。拇指大小的汤圆以豆干、冬菜为馅，在肉汤中煮熟，用猪蹄、猪肺、猪心、猪舌为臊子，加葱花、蒜米，撒上辣椒面、花椒面、白胡椒面而食。素汤圆、荤臊、荤汤三者的搭配，使整碗汤圆味中有味，因而名扬川渝。

每年六七月是燕麦成熟的季节，巫山的燕麦汤圆也就登场了。农家将新燕麦磨成粉，搓成直径 1 厘米大小的实心小球，放在腊蹄髈汤里煮熟，用大碗盛装，以腊蹄块为臊子，撒上小葱花，味道巴适。如果你对燕麦汤圆有兴趣，一定要在燕麦收获时节去巫山的农家走一走，才能如愿以偿。

说完了各种有名号的汤圆，最后再来了解下重庆最"草根"、最大众的醪糟汤圆。制作醪糟汤圆是一件老少咸宜的事。汤圆面揉匀搓条，待醪糟水烧开后，将汤圆面掐成比指头略小的颗粒下到锅里，煮熟即成。醪糟汤圆还有各种升级版本：用有馅的汤圆煮，加荷包蛋的，加鸡蛋花的……

重庆的汤圆不但品种丰富，各有特色，而且花样不断翻新，近年来市面上还出现了用糯苞谷、红苕、芋儿或蕨粉等制作的汤圆。

重庆人吃了汤圆，心变得甜蜜蜜的，嘴变得油汪汪的。汤圆吃多了的重庆人，遇事总想"吃定心汤圆"，做事力求"包打汤圆不散"，开口就是"先把稀饭吹冷，莫管汤圆烫人"，闭口便说"莫浑想汤圆吃"。

有了抄手不要『命』

　　记得是在前年，我和老唐去机场接一位广州朋友。航班到达重庆已是子夜时分，取行李又花了半个多小时，进城安排好客人住宿已近深夜两点，大家已是饥肠辘辘，于是大家一致同意——夜宵。我们一行人来到宾馆附近的一个面店，店面不大，但夜这么深了，还是看到很多人在吃夜宵。这里只卖面条、米粉、抄手。因广州朋友不习惯吃麻辣，我为他点了一碗清汤抄手，我和老唐要的是红汤抄手。只待片刻，抄手就被端上了桌。

　　客人问道："这不是云吞吗，怎么叫抄手呢？"

　　老唐说："这种面食的皮很薄易熟，下到锅里抄手之间就煮熟了，所以叫抄手。"

"是吗？"客人摇摇头，显然不满意这样的解释。

我说："唐老师说的是抄手名字的一种版本，其实在坊间，抄手名字还有第二种版本。"

我拿来抄手皮和抄手馅边示范边作讲解："抄手是四川、重庆地区的人们对'馄饨'，也就是对你们广东的'云吞'的称呼。你看，我把肉馅放在面皮上，面皮上角向下（内）折合，然后把左右两角折向前面，再在中间粘合形成菱角形。"

"你看像不像一个人把双手相抄抱在胸前？"

客人点点头："喔，就这样抄手，形象！"

老唐笑着提醒客人："快吃，快吃，看这抄手比云吞如何。"

客人掭起抄手放进嘴里细品后说："不错，形比云吞好，馅比云吞大，细嫩滑爽，至于味道嘛，各有特色。"

由于各地区文化习俗的差异，在中国，同一种食物在各地的叫法可能很不同。

抄手这种包馅面食，南北各地皆有，但叫法各不同，有的地方叫"馄饨"，有的地区叫"云吞"，有的地方叫"包面"，有的地方叫"曲曲"，有的地方叫"清汤"，有的地方叫"淮饺"。

由于各地方言不同，一些相同的发音，表达的意思却完全不一样。

比如，有这样一个故事。在抗战时期的重庆丰都，有几位下江人（指长江下游地区的人，在抗战时期为四川人对外省人的统称）肚子饿了，到"麦地香"面馆吃东西。因语言不通，客人们打手势点了抄手和小面。堂倌给他们安好座位后，迅速摆上调料，因为面条要现和面制作，就先端出抄手。这几个人吃得很快，吃了一碗又喊"加一碗"，一连加了四碗，还有人喊"加"。堂倌心想，他们吃了这么多抄手还要不要小面呢？于是脱口而出："先生，你们吃了抄手还要不要'命'？"那几个下江人一下懵了："什么，吃了抄手就没有命了？"心想今天是遭遇孙二娘开的黑店了。于是一个个拔腿就跑。后来他们被拦回来，经过解释，几位下江人才知道，丰都方言中，"面"的发音与"命"的发音相同，"不要面"听起来就像"不要命"。

从此以后，丰都人的"有了抄手不要'命'（面）"成为传世笑话。

重庆抄手的品种很多，形状变化不是很大。抄手的品种主要是在馅（如金钩、猪肉、牛肉、鸡肉等），调味（如清汤、红汤、红油、蒜泥、鸡汁、椒麻等）和吃法（如加臊子、"过桥"等）的不同上。

清汤抄手、红汤抄手是重庆最常见的小吃，制作简单，一般面摊、面馆都有得卖。这两种抄手所不同的只是碗里的作料不同：碗中先舀猪骨汤，放精盐、味精、胡椒和葱花，再盛上煮好的猪肉抄手，这就是清汤抄手。清汤抄手吃起来咸鲜可口，抄手鲜，汤也鲜。碗中淋入酱油、姜蒜水，浇上红油辣椒的红汤抄手，吃起来既鲜又辣乎乎的。

重庆的精品抄手之一就是金钩抄手。金钩抄手选用猪背柳肉作馅，制馅工序中，捶、剔、斩、剁、搅、拌环环相扣。大师傅先用两把九斤重的大菜刀的刀背将肉反复捶蓉，剔掉瘦肉上的筋膜，斩细剁蓉，再将清水和鸡汤分次加入，搅拌至水分全部渗入肉蓉内，然后在馅中加鸡蛋、葱姜汁、荸荠、金钩、麻油、猪油、味精、胡椒面搅拌均匀。金钩抄手的成品形似菱角，面皮柔软，心馅细嫩，味美鲜香，有红油、清汤、鸡汁、蒜泥四种味道。至于食物和汤汁的搭配，猪肉抄手配鸡汁汤，鸡肉抄手配骨髓汤，牛羊肉抄手配三鲜汤，才是增味的搭配。

近年来老麻抄手在重庆出尽了风头，据说吃老麻抄手要有一点冒险精神。我这个老头儿追着年轻人的脚步来到面店，刚进门就感到了麻酥酥的气息。店里菜牌上注明抄手有老麻、中麻、微麻三个等级，天晓得是以什么依据来划分的。凡事遇上不了解的情况，我喜欢走中庸之道，于是要了一碗中麻的。抄手还没端到面前，店里花椒的香味就已经引得我不断吞口水。老麻抄手之所以迷人，作料里大有文章。据说老板光是制作红油辣子，就加入了特制的十多种香料，由此不难推测，那花椒面的制作肯定也有秘密武器了。吃下第一个抄手，我已经感觉到麻酥酥、热腾腾、辣乎乎，以及心馅的细嫩和面皮的滑爽。但心馅的鲜香被强势的麻味淹没了，才吃半碗，我的舌头就失去知觉，两分钟后才恢复过来。那麻、那辣、那飞扬的红色给人爽彻心肺的快感和刺激，从头顶麻到脚心。

在抄手中加臊子的吃法肇始于抗战时期，当时重庆民国路（五一路）有一家食店专卖"牛肉臊子抄手"。这种抄手是在猪肉抄手上加入红烧牛肉作臊子，吃法比较独特，后淡出市场。多年后，重庆小吃名师张玉山将"牛肉臊子抄手"的配方挖掘整理出来，把猪肉心馅改为牛肉心馅，臊子用牛肋条加筋头精心烧制。抄手、臊子和作料三元合一，让人叫绝。

抄手最普遍的吃法是把料放在抄手碗中，然后直接从碗中挑抄手入口。重庆小吃名师曹正华创造出新的吃法，是将抄手作料用味碟盛装，食客将碗里的抄手夹到味碟里蘸味而食，称为"过桥抄手"。抄手过桥（重庆话又叫"鸭子翻田坎"）实际上是用筷子在碗和碟之间架起了一道无形的桥梁。过桥的目的在于吃味。一只抄手，半碗调料，一滚一裹，满身是味——微辣中透鲜香，小

酸里有回甜。

在重庆合川，有一家被当地人称为"抄手第一家"的抄手店。初听，我觉得这个名称太过夸张，一副"王婆卖瓜"相。但尝了之后，我的成见顿消。这家店卖的是"鸡肉抄手"，由合川人王志和创制，其特点是在猪肉心馅中加入鸡肉馅，再加鸡蛋、葱姜汁、荸荠、金钩增鲜提味，最后配以高汤，独树一帜。

说完合川，再说另一个"川"。永川有一种抄手很独特——"蒸抄"。蒸抄和煮抄大同小异，可算煮抄的同胞兄弟吧。此品美观悦目，形如元宝，色泽浸白，皮薄软香，心嫩咸鲜。据《永川县志》载，"廿年代初，外地白案师许贵华来永川所传，当地城关白案师廖海周指导其子廖绍全学此技术，后其制品质量最佳。本品造型优美，佐以老荫茶食之，风靡全城"。蒸抄与煮抄的区别是：蒸抄的面皮由手工擀制，体形较大，包成"元宝"型；心嫩鲜香，姜汁较浓，吃时蘸白糖；冬天用鲜汤佐食，夏天加老荫茶助餐。

在民间，抄手还有很多吃法，如金线吊葫芦——半碗抄手加半碗面条；炸响铃——抄手油炸成菜；煎元宝——抄手煎烙而食……

亲爱的朋友，面对这么多的美味抄手，你还会要"命"（面）吗？

『烫背』的包子

重庆的包子样式丰富多彩，鲜肉的，酱肉的、鸳鸯的、白糖的、豆沙的、果料的、白菜的、盐菜的；蒸的、煎的、烙的、烤的；麦面的、米粉的、杂粮的，五花八门，应有尽有。

"兼善包子"是北碚兼善餐厅的特色小吃。1940年，爱国实业家卢作孚先生创办"兼善餐厅"，其名以"兼善"为牌号，取"服务社会、便利民众"之意，餐厅厨师精心创制了"兼善面""兼善汤"和"兼善包子"等独具一格的风味小吃。其中兼善包子配料独特、技艺精巧，在其特制的酱肉馅中加入一块卤鸡肉，皮薄馅多，酱香味浓，鲜美爽口。餐厅还为顾客奉上红油辣椒味碟、葱花汤伴食。因此兼善

包子一经推出，便受到社会名流及各界食客的好评，蜚声遐迩。当年卢作孚先生也在此餐厅宴请过冯玉祥、郭沫若、孙科等社会知名人士。

"华举包子"因出自沙坪坝华举食店而得名。这款包子的制作颇为讲究，制馅时将猪瘦肉洗净剁成粒，把三分之一的肉粒下锅炒散籽，下豆芽瓣，放调料，起锅与余下的三分之二生肉粒混合，下葱花和匀成馅料。其包子皮用刚发好的面包粉面团制成。这款包子成品的风味非常独特，色白软绵，咸鲜回甜，清香醇正，很受食客欢迎。

"鸳鸯包子"是璧山的名小吃之一，距今已有60多年的历史。鸳鸯在人们的心目中是永恒爱情的象征。饮食行业借此吉祥意义，把料成双、味成双、色成双、馅成双、形成双的菜点冠以"鸳鸯"之名。鸳鸯包子的馅料是半边咸，半边甜。甜馅以瓜圆、橘饼、樱桃、花仁、桃仁、芝麻面、白糖为料，咸馅以猪肉火腿、金钩、小葱花为料。别看一包双味有些奇怪，但其味道不马虎，醇甜爽口，咸鲜滋润。

在众多的包子中，"九园包子"的典故最为有趣。

过去九园包子不是以个出售，而是以客出售。每客只得一甜一咸两个包子，咸的为酱肉馅，"馅多鲜嫩，酱香爽口"；甜的是玫瑰附油馅，"甘香油润，爽口不腻"。由于九园包子选料上乘，做工精细，其形美观好看，其味鲜香适口，深受食客欢迎。九园包子现做现卖，每天只接客 500 次，上午 10 点开门，售完为止，绝不多做。这种欲擒故纵、桀骜不驯的经营作风，反而使顾客服气得很。一时间饕餮食客、达官巨贾蜂拥而至，争相购买。店里为方便客人携带，还用竹篓包装出堂，供乘飞机、车船的旅客途中食用或馈赠亲友。

初夏，有位先生路过九园，见刚出笼的包子洁白松泡、热气腾腾、香味四溢，于是停下脚步买了一客包子，迫不及待地拿起玫瑰附油包子就咬了一口。没想到糖油流了出来，流到了手腕上，这位哥子觉得可惜，就用舌头去添手腕。这一舔，喜剧就发生了。舌头舔手腕，手会不自觉地往上一举，手上还拿着包子的随手举过肩，化了的糖油液还在继续流，这一流就刚好滴到了背上。"包子烫背"顿时成为一时的笑谈。

「肯梭」的绿豆稀饭

　　初夏，天气有几分热，我在加班加点赶书稿，不觉间已是子夜时分，肚子唱起了"空城计"，于是出门找夜宵。虽说夜已深，可八一路一隅的饮食夜市仍旧灯火辉煌。这里什么吃的都有！可吃点什么好呢？我徘徊良久，来到了经常光顾的那家有稀饭凉面的面摊。

　　吃稀饭凉面并非我囊中羞涩，而是"爬格子"太费精力。烧烤、卤菜、炒菜、串串香莫说吃，看看就很腻，再说书上都说"半夜吃油腻的食物不利于健康"，而稀饭凉面清淡"肯梭"（下咽快），又补脑养胃，还立等可食，快捷"撇脱"（省事）。

　　我刚坐下，摊主老李便过来招呼："大哥，你

来了。今天天气热，有绿豆稀饭。"然后他又喊道："一碗稀饭，一个盐蛋，二两凉面——少辣哟！"因为我是"熟脸嘴"，老李比较了解我的喜好，所以我还没有开腔，他就替我作了安排。摊边一美少女对我点头笑笑，端过来一碗绿豆稀饭，然后手脚麻利地在凉面碗里依次放上酱油、醋、白糖、红油辣椒、葱花等作料。这时一丝淡淡的香味拂面，是绿豆稀饭香，是凉面香，还是美少女的发香呢？

吃着吃着，我脑海里浮现出重庆著名民俗作家张老侃描述的"山城盛夏纳凉消夜图"：

山城暑热，八月如火炉。在没有空调甚至连电扇也没有的"很久很久以前"，每当日落黄昏时，太阳的酷热融进扬子江里，闹市区的小什字、七星岗、上清寺，在沿街的门前，各家各户先以凉水泼地，待降温后把矮桌矮凳移至街边，然后摆好碗筷，把熬好的绿豆稀饭端来，桌上摆一盘经爆炒水急的干胡豆，凉拌苦瓜或藤藤菜，几片刚泡好的泡萝卜、子姜。一家老小捧着稀饭碗"嚯嚯"

地吃将起来，男人无论胖瘦一律赤膊，重庆方言叫"打光胴胴"，女人也只是用薄衫遮住羞处而已，正所谓"暑天无君子"。人们喝稀饭发出"嚯嚯"的响声，大汗如雨，这时在一旁必有一盆洗脸水，内有毛巾，食者一边拿毛巾擦汗，一边擎大蒲扇摇风。蒲扇如蝴蝶的翅膀不停地扇动。此时谁如果登枇杷山顶四下俯看，满城的蝴蝶飞，满城的光胴胴，满城一片喝稀饭的"嚯嚯"之声，把两江波涛声全都压盖住了。

稀饭，是重庆人的主食之一。因而盛夏喝稀饭是重庆的一种食俗。重庆是中国有名的三大"火炉"之一，盛夏酷暑难当，稍微动弹就汗流浃背，心情烦躁，口舌苦涩，食欲大减。这时，用泡菜、凉面下稀饭，特别开胃解烦、驱热降躁，既饱肚皮又能补充因大量出汗流失的水分。

如今，随着人们生活水平的日益提高，那幅"夏日纳凉，坐街沿边摇蒲扇打赤膊吃干胡豆下稀饭的市井风俗画"已成为历史记忆，但重庆人喜欢在夏天喝绿豆稀饭的习俗仍然延续。我想，绿豆稀饭，于重庆人生命中是不能少的。

重庆
美食街
览胜

对于重庆人来说，美食街似乎是"食尚"的风向标，滋味的万花筒，每隔一段时间，在这里总会有令人惊喜的发现。浓厚的乡土气息成就了泉水鸡一条街、辣子鸡一条街，厚重的历史文化积淀成就了洪崖洞、磁器口，市井食俗成就了八一路好吃街，依江而食的自然环境成就了南滨路、北滨路，更有以时尚美食著称的南方花园、三峡广场……一条条美食街风起云涌，星罗棋布，香了一座城，醉了两条江，引得八方食客闻香而至。

半城高楼一江水，山美、水美、菜肴美。入夜，灯影随江水流淌，香风令游人陶醉。重庆的美食街有多少条？说起来，那可真是数不清。我勉强理出个大概，但因为篇幅有限，仅介绍几个具有代表性和独特风味的食街供大家品读。

>>> 好吃街，老重庆寻梦的乐园

重庆解放碑的八一路，人们称之为"好吃街"，这条食街是重庆城里历史最悠久的食街之一。20世纪三四十年代时，这里已粗具规模，到了七八十年代，这条二百余米长的街上鳞次栉比地排列着三四十家店铺，经营着上百种市井小吃。每当夜色降临，这条街上灯红与酒绿交映，香汤和乳雾共色，叫卖声、吆喝声、车笛声相映成趣。人们在劳作之余总喜欢来这里"打望"——囊中羞涩时，酥几颗花生，舀一碗啤酒，下二两小面，有滋有味地吃着；腰包渐鼓时，切半斤烧腊，沽半斤好酒，来一笼蒸饺，加一罐鸡汤，优哉游哉地品着……

如今的八一路好吃街的美食包罗万象，重庆小吃、粤式菜肴、滇黔点心、北方面食；韩国烧烤、日式料理……天南海北，中外土洋，林林总总，应有尽有。尽管新口味层出不穷，但老重庆人念念不忘的，还是那些陪伴他们度过童年、青年时代的老滋味——鸡丝凉面、山城小汤圆、锅贴、烧卖、酸辣粉、豆皮、刀削面……

>>> 磁器口，穿越时空的守望

磁器口是一条保留原汁原味老码头文化的美食街。行走在古镇石板路上，穿梭在穿斗房店铺之间，人们仿佛回到了六七十年前。如今的磁器口作为重庆主城内最出名的一座古镇，不仅记录了旧时重庆的繁荣，更是携带着现代社会依稀可见的传统精髓。磁器口的吸引力绝不仅仅来自于它的古老，而袍哥鳝段、炒鸡杂、毛血旺、麻花鱼、软火煮千张、陈麻花和椒盐花生等无数美食也是让游客纷至沓来的原因。

坐在"码头会"的八仙桌旁，客人可品盖碗茶，抿高粱酒，吃江湖菜，听川腔渝调，何等惬意！

>>> 洪崖洞，时尚与传统的融合

乘坐观景轮船夜游嘉陵江，你很容易在万家灯火中看到璀璨的洪崖洞。在万盏各式霓虹灯的装扮下，这座中国悬崖城宛如仙山琼阁。过去，洪崖洞是老重庆有名的水码头，那里有层层叠叠的吊脚木楼、恍若迷宫的小巷深宅和凹凸不平的青石板路。

现在的洪崖洞倚山亲水，其建筑极具巴渝传统特色，高低起伏、错落有致、

气势不凡。人们在感受"临空飞绝壁"的视觉震撼之际，更可以品尝美食之味。在纸盐河江畔的酒吧街、天成巷巴渝风情街、盛宴美食街及异域风情城市阳台四条大街，餐饮业占了 50% 的营业面积。特别是在巴渝风情街上，袅袅炊烟升起在小巷院落上，飘荡在回廊下的穿堂风中。

>>> 南滨路，近水楼台把酒邀明月

南滨路真可谓一块风水宝地，背靠南山，坐拥长江，挟海棠烟雨之灵气，得黄葛晚渡之神韵，隔江远眺，则渝中半岛的美景尽收眼底。每当夜幕降临，南滨路上琼楼玉宇、火树银花，恍若人间仙境。在这条宽敞的观景马路上，你可以感受到重庆本土最精髓的"吃"文化，可以欣赏到五光十色的夜景。

这里还是喝夜啤酒的最佳去处。子夜时分，坐在江边，凉风习习，举杯邀明月，"好吃嘴"们喝酒论英雄的龙门阵才拉开序幕。

>>> 泉水鸡，不可错过的滋味

泉水鸡一条街位于风景秀丽的南山黄桷垭。泉水鸡是因用山泉水烹调土鸡而得名。它的特色是"一鸡三吃"——蘑菇烧土鸡、泡椒炒鸡杂、青菜鸡血汤，

极具农家气息。这条街上的几十家餐馆都以烹煮泉水鸡为长，生意好的时候，一条街一日售鸡数千只。

经过二十年的演变，如今的泉水鸡一条街风韵犹存，惹人怜爱。每逢周末，特别是在春花踏青、秋月赏桂的时节，食者如潮。品泉水鸡，吃老腊肉，喝桂花酒，尝山野菜，观山景秀色，已成为重庆人休闲的新方式。

>>> 辣子鸡，要说爱你不容易

辣子鸡一条街位于歌乐山三百梯。辣子鸡声名远扬，鼎盛时期，食客蜂拥而至，使绵延在一公里范围内的三十多家辣子鸡餐馆内人头攒动，每位食客都在满盆红亮的干辣椒中轻挑慢寻鸡丁。这不仅是一种乐趣，更是品尝辣子鸡的一道别样风景。

放眼重庆的东西南北，美食街比比皆是，于街头隔窗望去，家家餐馆灯火辉煌，食客或细斟慢品，或举杯豪饮。你若有兴致，可在夜色中穿行于此间，感受重庆城张扬个性的民俗食风。

味海拾贝

农家乐

　　大约从 20 世纪末开始，在重庆主城周边，雨后春笋般冒出一家家大大小小的"农家乐"。一两间土屋，或倚山而筑，或临水而建，门前一方水塘，屋后一片竹林。而主人支起一个柴灶，采来两把鲜菜，宰杀几只土鸡，便开门招徕客人。它一出现，就引起了都市人前所未有的兴趣。泥土、野草散发的独特芬芳，蔬菜、水果上带有的晶莹露珠，山林间的炊烟，屋檐下的风车，柴灶上方挂的老腊肉，装满豆角的菜篮，都让人顿生温情。"采菊东篱下，悠然见南山"，怎能让人不心醉？

　　远离城市喧嚣，回归自然怀抱，不仅是都市居民返璞归真的追求，也是农家乐流行的原始动力。

近郊许多农户沿袭当地的习惯，腾出几间房屋，购置几套餐具，栽种一些花木。农舍被竹林掩映，绿树葱郁，花香四溢。游人走进农舍就像走进了画卷。春天，池旁路边桃红柳绿，采野菜，拾蘑菇，推豆花，品腊肉；夏天，山上湖边郁郁葱葱，赏荷花，摘水果，做荷叶蒸肉，吃苞谷饭；秋天，红叶漫山，稻谷金黄，桂花香处，喝桂花酒，吃烤全羊；冬天，潇潇翠竹，苍苍青松，踏雪赏梅，烤木炭火，尝刨猪汤。

"农家乐"取法自然，以农家院落为依托，营造出传统农耕社会中田园殷实、六畜兴旺、天人和谐的理想境界，展现出小康农家特有的风貌。

重庆的农家乐数以千计，特别以旅游风景区周边的农家乐最具特色。

巴南区的农家乐以南温泉风景区为中心，向周边延伸发展，形成南湖、姜家溶洞群、东温泉、樵坪山旅游度假区、圣灯山森林公园、桥口坝温泉风景区、云篆山森林度假区等农家乐群落。

在南山的农家乐里，人们除了吃泉水鸡，还可以品到乡村蕨粑腊肉、泉水豆花、炖土鸡、竹筒蒸饭、串烤鲫鱼、桂花醇酒、山野鲜菜。南山农家乐主要集中在于黄桷垭、大金鹰、南山半山等地方。

渝北区的农家多美食，香飘全国的"水煮鱼"就是出自翠云乡。有"小峨眉"之称的渝北统景一带的农家乐不仅拥有暖泉、险峡、奇洞、怪石、幽谷、秀竹这些美丽景色，其泡椒红苕藤、老南瓜绿豆汤、

芋儿鸡、水煮鱼、酸鲊肉、水芹拌豆干也是最能吊游客胃口的。

沙坪坝区的农家乐围绕歌乐山森林公园而成，以辣子鸡、豆花鱼、水煮刨花肉、毛血旺、油渣白菜、椒盐花生等美食而出名。在这里炸几条麻花鱼，喝两碗高粱酒，好不快活。

九龙坡区的白市驿镇是农家乐集中之地，"三多桥白鹭自然保护区""十里荷花塘观赏区"早已声名鹊起。除此以外，还有走马镇以桃树为主的万亩水果观光基地、铜罐驿镇的万亩红橘种植基地，以及各种农业生态园区。

铁山坪森林公园周边的农家乐，依山畔水，毗邻温泉，风景秀丽，古木参天。游人在这里，可以冬赏白雪、夏品清凉。花椒鸡、干锅兔，干豇豆炖蹄花、凉拌折耳根、红苕酒更是让人流连忘返。

永川区茶山竹海一带的农家乐，可让人体验登千重茶山，游万顷竹海的畅意。在这里，游人可挖竹笋、拾蘑菇、采新茶，可品竹笋红烧肉、干锅野生菌、香酥竹蜂蛹、油炸竹虫、清蒸竹鸡、白果炖老鸭等特色美食。

万盛区石林景区的农家乐，山林环绕，空气清新。游人在这里除了可以欣赏到美丽的石林风光外，还可以品尝到正宗的石林腊排炖白豌、泉水黑豆花、蕨粉粑、鲊海椒、苞谷饭等独具特色的农家饭菜。

大足县龙水湖畔的农家乐位于巴岳山下，碧水蓝天。漫步荷塘，人们倾听鸟语、品尝渔家美食。风味酱香肉、砂锅大鱼头、荷花鱼、船夫鱼、墨鱼炖土鸡、湖水豆花都是颇有盛名的特色菜。

　　涪陵区的大木花谷被誉为中国的普罗旺斯。游人傍晚踏花归来时，可品农家的自酿天麻酒，尝红烧土猪肉、苦藠炖鸭子、米汤煮油菜花、洋芋炆饭。

　　黔江区小南海国家地质公园旁的农家乐是土家风情的吊脚楼、马头墙。在这里，小鸡、小羊、小牛自由觅食，碧波之上，扁舟渔影，鸥鹭齐飞，一派原生态的自然风光。炖腊猪脚、酿豆腐、菜豆花、煳海椒、腊肉四季豆饭……从上午十点多，一直到晚上八九点钟，农家乐里开起了"流水席"，来品尝土家饭菜的游客络绎不绝。更有甚者，只需花上千余元，就能在景点内的吊脚楼住上一个月。想象一下，在院坝前搭一吊床，品清甜的土家茶，观晚霞中的归舟。

　　城口县亢谷风景区外的农家乐有个别致的名字——"森林人家"。游客坐在四面环山的森林边上，品蜂蜜酒，吃老腊肉、苦荞粑，喝岩耳土鸡汤，聆听关于十八碗的传说，观看打薅秧锣鼓、钱棍舞，可尽情感受大巴山民俗风情、美食文化的无穷魅力。

　　农家乐，是城市与乡村互动的桥梁。农家乐，乐了城里人，也乐了农家。

个性张扬的

「味道江湖」

南山 泉水鸡

　　以前，在主城区的数个公园中，南山风景区以山高而著称，而在这些公园中，南山风景区又最为冷清。出南山公园不远，即是梅桂园，沿山上行，是抗战时法国驻华大使的简陋别墅，再上行是英国、美国等国家使馆的别墅。说是别墅，其实是抗战时为躲避日本飞机空袭而建的避难所，都很简陋，只有苏联使馆的别墅，显得独具特色。到了桂花飘香的季节，南山风景区的工人会收集飘落的桂花，或酿酒，或用糖渍起。

　　但这些，没有令南山扬名。

　　20 世纪 80 年代中期，原四川美术学院院长叶毓山受南山风景区之邀，创作了雕塑《大金鹰》。

风景区请来石匠，将此雕塑放大，制成石雕鹰，放在法国使馆别墅对面的鹞鹰岩上。后来景区索性在鹞鹰岩上用水泥浇铸一座高 50 米的大型塔楼，外敷金箔，塔上塑一"大金鹰"，上设观景台，可使游客从塔内直登顶层，凭楼远眺，周围数十里景物尽收眼底。

这也没有使南山扬名。

谁也没有想到，令南山扬名海内外的，竟然是一道南山人祖祖辈辈的家常菜——泉水鸡！

在泉水鸡最火爆的日子里，每天总有结伴成群的人从城市的各个角落，驱车直奔南山，不观风景，不看夜景，只管朝着自己心中定位了的餐馆赶去，以求痛痛快快、无牵无挂地享受着这一田园之食、菜根之香。

泉水鸡，说到底，就是由普普通通的红烧鸡演变而来。南山是山，山上多泉，依山而居的南山人晨炊晚食，用的是随处涌出的泉水。家里来了客人，宰一只鸡，切成块后用油爆，爆时下些辣椒、花椒、姜、葱、蒜等物，然后加两瓢泉水，烧熟即吃。这简单得不能再简单的家常菜，在初始，没有人拿出来张扬，甚至开在南山上的餐馆都羞于将这道菜写在菜谱上。

但泉水鸡广为人知是有这样一个转机。就有这么一年，几位走得饥肠辘辘的"驴友"，途经路边的小店，高叫店家来几个小炒下酒。可灶上已空，什么都没有。他们累了、饿了，不想再走了，非要在这吃点东西不可。店家无奈，只好捉了两只正在院中觅食的仔公鸡，草草打理干净，心想就按家常红烧鸡的做法做。不想"驴友们"闲得无聊，对饮食也有那么点儿了解，于是一群人，你说加点儿红辣椒，他说加点儿花椒，那个再喊添点儿蘑菇。总之，店家就在这群"驴友们"的指挥下，东弄西整。须臾大功告成，但见此菜色红似火、奇香满室、味透于髓。于是"驴友们"众筷齐举，开怀大嚼，霎时把这道菜吃的精光，走时还同店家约定，下周再来吃！

至此，火遍一方的南山泉水鸡由此诞生。精明的店家顺势推出泉水鸡一菜，随后跟风者多如过江之鲫，一时间南山由此声名远播，红透重庆。

泉水鸡的主料是半岁仔鸡，此鸡还未开叫，骨爪皆嫩，实属佳品。泉水鸡的烹饪手法属于以麻辣为主的基本川味。烹制时，先将仔鸡宰杀洗净，剁成大约3厘米见方的块，加盐、料酒拌匀码味，用油爆干水分后起锅待用。锅内再加油，烧至五成热时，下郫县豆瓣、干辣椒节、花椒，炒香上色，下姜米、葱段和用泉水熬制的鲜汤，放入鸡肉、香菇及其他调料同煮。起锅时加入香油、辣椒油即成。虽说泉水鸡的味型是麻辣，但辣得妩媚，麻得舒畅；烹煮时还加有香菇，吃起来口感丰富；加泉水成为半汤，显得润泽。整道菜大有温文尔雅的君子风度。

此菜看似普通，但有几个成败的关键因素。先说花椒，烹制泉水鸡选用的是那种一闻就让人觉得麻的花椒，如茂汶椒、汉源椒或云南大红袍一类。而辣椒就更为讲究了，朝天椒、七姊妹、二荆条、小米椒……总之是越辣越好。烹制前，还要先用盐水将辣椒浸渍，消其凶焰煞气，使之变辣为香，化刚成柔。也有的店家，会对辣椒进行更深层次的特殊处理——泡后的辣椒要炒干炒香，加入若干调料，油浸装罐，盖上红糖，密封发酵，待存放数日后方可启用。而油辣酱的有无，加入调料的多少，调制过程的繁简，发酵时间的长短等，都对泉水鸡的成品影响至为重大。最后是泉水。南山一脉，林木深秀，花香四季，掘池成井，其水必甘，用以烧鸡，必是甘润无比。

　　通常，食客在吃鸡的同时，往往会配以几味鲜活水灵的野菜，如折耳根、红苕尖、马齿苋、萝卜缨、蕨菜尖之类。这样的搭配，令人顿生"食大自然之精华"的可亲感觉。

第二章　个性张扬的味道江湖

辣子鸡

林中探宝

　　提到辣子鸡，人们脑海里马上会浮现出红彤彤的辣椒，接着会想起与辣椒同烹的酥香鸡肉，再接下去就会是舌头不自觉地舔一舔嘴唇，或吞一下口水了。但凡吃过歌乐山辣子鸡的人，一定会有这样的条件反射。

　　歌乐山因"大禹治水功成，召众宾歌乐于此"而得名。重庆歌乐山国家森林公园，集山、水、林、泉、洞、云、雾为一体，清丽幽深、古朴旷达。众多历史、人文景点和神话传说赋予歌乐山无限灵气。

　　这样一座人文景观与自然景观相映成趣的森林公园，还有着一道让重庆人着迷的成名菜。

　　1986年，有一名叫朱天才的人用自己多年积攒

下的 2 万元，在歌乐山三百梯旁开了个小店，挂个"林中乐"，专卖豆花饭。这种小本生意，利润微薄，不是老朱开店的初衷。但在这偏僻的地方到底做些什么好呢？当时重庆城里火锅风起云涌，"麻辣鲜香"燃烧着重庆城的男男女女。朱天才凭着生意人的敏锐嗅觉，从麻辣上看到了生意，推出了以麻辣为主的，做起来快捷、方便的辣子鸡。而其做法如下：

把家养仔土公鸡宰杀、去毛清洗干净，斩成 2 厘米大小的块，用料酒腌码。然后把锅置旺火上，掺菜油烧至六成熟，放入干红辣椒节炸成棕红色，放入鸡块、花椒。待鸡块熟后，下酱油，继续翻炒至鸡肉酥香，加入味精、葱花炒转。用抄瓢滤去多余的油脂装盘，撒上事先炒香的熟白芝麻，即可上桌食用。

吃辣子鸡，是充满趣味的。面盆一般大的盘子里，堆满红红的油干辣椒，乍一看，只见辣椒不见肉。头一次见此菜的食客们异口同声地问："鸡肉呢？"端菜的妹儿抿嘴一笑，轻言细语地说"在里头，各人找"。于是大家马上把筷子伸到辣椒里面翻找起来。原来鸡肉被刻意地切成手指头大小的小丁，星星点点地隐藏在辣椒里面。吃辣子鸡就像在丛林里探宝一样。

一两块鸡丁进口，辣香四溢，食客们的额上逼出一层细汗。三五块鸡肉下肚，他们个个吐舌嘘气、满头大汗，还不忘连连称赞："安逸、安逸，巴适、巴适。"的确，强辣之中，那鸡肉味道竟格外独特，香得出奇又鲜得出奇。

辣子鸡是最能体现重庆菜辣而香的个性。炒辣子鸡用朝天椒的居多，一则红亮养眼，二来香辣兼得。烹炒时，辣椒与鸡肉一起炒熟，使得辣椒自身极度的焦辣煳香与鸡肉的鲜嫩酥香巧妙地结合在一起。

就是这红彤彤、油汪汪、辣得让人又怕又爱的辣子鸡，让"林中乐"随歌乐山一起扬名。据说店里生意最好的时候，厨师一天至少要工作十二三个小时，每天可以卖掉200多只鸡，满满摆上80多桌。

自朱天才挖到第一桶金后，附近的街坊邻居纷纷效仿，推出了各有绝招的"辣子鸡"。一时间，一条不足500米的烈歌路上，聚集了50多家专事经营辣子鸡的餐馆，使歌乐山"辣子鸡一条街"名噪一时。

传奇 酸菜鱼

　　在江津津福乡，有一位厨师名叫邹开喜，他的父辈过去在津福乡街上开饭馆，1958 年全家被下放回乡种田。一次，邹厨在用酸萝卜熬鲫鱼汤为老婆治病时，发现这样加工后的鱼肴汤鲜鱼嫩，实在好吃，便对其进行潜心研究。

　　20 世纪 80 年代初，邹厨回到津福街上，开了一家叫"邹鱼食店"的餐馆，以"酸萝卜猪肝汤""酸菜鲫鱼汤"为招牌菜，食客反应较好。邹厨因此受到了极大的鼓励，凭着兴趣对酸菜鱼作了较大的改进。酸菜鱼的原料为草鱼、花鲢，食客可以自挑自选，进而现剖现烹，以保证原料的绝对新鲜。在烹制过程中，他会加入多达十几种调料，以去腥增香，还

形成了自己烹制酸菜鱼的三步曲：

第一步是制汤、煮鱼头：先往锅内下猪油，放入大蒜瓣进行"飙油"；再下酸菜，炒干水气；掺清水，烧开；放入料酒、食盐、味精、胡椒粉熬出味；放鱼头、鱼骨，烧至断生捞起。

第二步是煮鱼：等鱼汤烧开，把鱼片抖散放入；当鱼片刚刚遇热挺阔时，立即用漏瓢将鱼片同鱼汤舀入盆内，撒上一瓢花椒面、半瓢味精、几把葱花，然后再往鱼汤中加姜水、胡椒、盐等调味料。

第三步是炸油封口：锅内放入猪油，舀一瓢泡海椒、半瓢蒜米煸炒出香味；待油温达到六成、泡海椒泛出白色、香味溢出时，起锅将油倒在鱼片上，使油脂薄薄地封住鱼汤。

这样做成的酸菜鱼，鱼片雪白、酸菜金黄，汤汁浓郁、气味芬芳，酸辣适口、味浓鲜香，征服了食客的味蕾。于是酸菜鱼"发起烧"来。一到"饭口"时间，店门前车水马龙，店内座无虚席，晚到的人只好排队等候。

20世纪90年代初，有位重庆女孩在北京新街口开了一家"田三酸菜鱼"，专卖重庆酸菜鱼。据说烹鱼的酸菜是专门从江津采购的。田三家的酸菜鱼倾倒了京城的大众，也为后来酸菜鱼走向全国各地，红透大江南北，开了一个好头。

20世纪90年代中期，又一个厨师走得更远，把酸菜鱼带到了东北的大庆，其在当地的火爆程度一点不亚于重庆。

一些有心的重庆厨师以酸菜鱼为基础，进行了一系列的繁衍创新，形成了一整套的新式菜品，其数量不下百个，成为一大系列，如：酸菜鸡、酸菜兔、酸菜牛肉、酸菜腰片、酸菜牛蛙等。这些菜虽然主料不同，烹制方法略有变化，调味上也有增删，但本质大同小异，还是用酸菜为配料做出来的。

还有一种更高档的改良，从原料、调料方面进行增删，使酸菜鱼面貌一新，身价倍增，如用鲜虾、鲜贝、鲜鱿或高档鱼类做原料，使成菜的色彩、形态和口感更上层楼。也有用著名的南充冬菜替换酸菜的，又以泡仔姜、泡辣椒做配，并用黄酒、猪油增香，这样就更能增加此类菜汤汁浓郁醇厚的张力。

如此一来，一道看似简简单单的酸菜鱼，竟在食坛上掀起了江湖菜"风浪"，使江湖菜风行至今不衰。这恐怕是当时谁都没有想到的吧！

辉煌的
来凤鱼

　　20 世纪 80 年代初，一款"吃鲜、吃活、吃跳"的食风，掀起了一场川菜创新的"狂飙"，给沉闷的重庆食苑，吹来猛烈的麻辣之风，"忽如一夜春风来，千树万树梨花开"，各种以麻辣味为主的菜肴，如千树万树梨花般开满重庆的大街小巷。

　　其发端就是来凤鱼。

　　一时间，璧山来凤，这个老成渝交通线上的商驿，在重庆众多老饕口中，成了追求标新立异独创菜系的食家们的向往之地。据说，当时奔波于成渝公路上的司机们，一路上再饿也要赶到这儿来吃鱼，说这儿的鱼风味独特，麻、辣、鲜、香、嫩，闻了让人食欲大振，吃了让人精神爽快。

　　相传创新来凤鱼的，是来凤供销合作社饮食店的几位大厨。他们从火锅中得到启发，大刀阔斧地对传统做鱼方法进行了改造。他们推出的新菜，受到人们欢迎，可大厨们不善给菜取名，干脆就将地名冠上，因而得名"来凤鱼"。

　　90 年代末的一天，我们在成都公干，返程时，决定在来凤镇吃晚饭，然后连夜开车赶回重庆。

　　到了镇上，有许多店家在外招揽生意。我们也在招揽客人的服务员的指挥下，进了一家鱼馆。进店后，服务员招呼我们上桌，叫我们派人到养着鱼的池里挑鱼、称鱼。鱼是草鱼，我们挑好称重后，厨师就将治净的鱼，切成宽为两厘米左右的鱼条；锅里放菜油，烧至七成热时，下花椒粒、姜米、蒜米、泡椒、泡姜、干红辣椒节、糍粑海椒、豆瓣等调料，炒出香味后，加汤煮沸；下鱼条，随后下白糖、味精、鸡精、醋、白酒、葱段、花椒面等调料；待鱼刚煮至断生，淋水淀粉入锅；将满锅的鱼倒入一只大盆里，在上面撒些花椒面、干红辣椒；锅里再放入混合油烧热，下一大把花椒、蒜米，炒香后淋在鱼上，即成。

不到三十分钟，一盆散发着浓郁的麻辣香味、强烈地刺激着人们味蕾的来凤鱼就做好了。

鱼确实好吃，麻辣味闻着让人提神醒气，且味中又裹夹着葱香、姜香、蒜香味儿，让人不禁食指大动。我用筷子夹起一块鱼肉送入口中。嫩！这是第一感觉。口中的鱼肉嫩得让人不相信鱼能做到这般水平！这嫩不是柔嫩，而是脆嫩，脆嫩中又有股淡淡的似腥似甜的味儿。紧跟着涌入唇舌间的，是麻辣的鲜香味儿。我一直疑心有的鱼肉可能没有煮熟，但直至吃完，一桌人都没有吃到生鱼。我又细想了一下刚才观摩到的烹饪过程，这才恍然大悟，原来厨师在鱼上面加了大量热油，油浮在了上面，即使是生鱼片，也会被高热捂熟。

随着时间的流逝、交通环境的变迁，来凤镇已经褪去了它往日的辉煌，来凤鱼的做法也已逐渐被淘汰。可它所提倡的"吃鲜、吃活、吃跳"的食风，大胆用料、不讲刀工的烹饪手法，却掀起了一场川菜创新的"狂飙"，至今繁荣着重庆乡土美食花园。

豆花鱼

江畔月夜

　　在长江和嘉陵江环抱中的重庆主城，像一只整装待发的船，翘首昂视，期待远方。乘坐观景轮船夜游两江，你将会陶醉在千万盏各式霓虹灯装扮下的城市和宛如仙山琼阁的山水中。在碧波粼粼的江上，还有道名噪一时的菜品——豆花鱼。

　　在重庆这座江湖味十足的城市里，也有诸多热爱"临波垂钓，把酒品鱼"的食客。有好事者窥得商机，利用嘉陵江边闲置的趸船，略加粉饰，往船上挂一块"豆花鱼船"的牌牌便开市迎客。

　　初春（或仲秋）夜晚，乍暖乍寒，江上凉风习习。江中鲜鱼活吃，需要辣椒、姜、葱压腥，于是船家以干辣椒、泡红椒、豆瓣、花椒烧鱼。这样烧出的鱼，

辣中见鲜，麻中见醇。为了让口感更加丰富，船家又在麻辣的鱼汤中加入豆花、油酥黄豆以及榨菜粒等辅料。做好的菜，用大钵盛之。这道豆花鱼，其烹制方法简单粗犷，但吃法却也有几分新颖。

豆花鱼制作的方法并不复杂：

鱼宰杀，剖腹洗净，鱼肉斜刀成片，用精盐、料酒、姜片、葱节腌渍，然后拣去姜葱，码上干细豆粉。

炒锅置于火上，掺油烧热，把鱼片均匀逐片下锅，用抄瓢推散，当鱼片刚熟时捞起。炒锅留余油烧辣（高热），下豆瓣、泡红辣椒、姜蒜米煸炒至油红亮出香味时，掺入鲜汤烧沸，去尽浮沫，加精盐、味精调好味，再把炸好的鱼片放入，加葱节烧沸起锅。

在烹鱼的同时，把河水豆花放入另锅中加热，放置在大钵内。然后把将鱼片及汤汁倒于豆花上，撒上油酥黄豆、榨菜粒。

炒锅再置火上，下油烧辣，下辣椒节、花椒，待花椒酥香，辣椒变色，起锅连油带辣椒、花椒淋于鱼片上。

船上尽用江河鲜鱼：江团、鲶鱼、水密子、青波等，这些鱼鲜并非一时一地所获，而是渔帮老大组织渔民沿江捕捞收购而来，上至四川宜宾，下到湖北宜昌，其间有数百公里的路程。千里送鱼，不舍昼夜，来之不易。江中的鱼儿也有个奇特的习性，一离江水便不再存活，仿佛在用自己的生命来捍卫它对故水的依恋。于是船家把它们暂时养在船边的铁笼中。等待来宾临席再举网，不同种类的鱼儿任君挑选。

川剧《秋江》中老艄翁有一阕渔歌：

秋江河上一只舟，

两旁撒下钓鱼钩，

钓得鲜鱼沽美酒，

这样的快活哪里有？

在趸船上吃鱼，虽然没有泛舟春江、随波逐流的雅趣，但趸船也是船，大家在这里还是可以听江水滔滔，观万家灯火，随心所欲地选鱼。

这不正是当年秋江河上老渔翁那种千金不换的自然之乐吗？

渔船上除豆花鱼外，还有魔芋鱼、血旺鱼、芋儿鱼等。它们的烹制方法大抵一致，只是配伍原料或豆花或魔芋或血旺而已，但因配伍原料质地的区别，其口感也就各具特色。

洞子里品

邮亭鲫鱼

　　像我这样天天与美食打交道的"吃货"，如果去一个地方出差，没有寻到当地有特色的餐馆而敷衍了自己的胃，那就是一件郁闷的事儿。

　　前段时间，我与好友吴茂钊一起到重庆寻味，好友胡罡听说我们到了他的家乡，说要带我们去吃一家特色餐馆。电话那头，胡罡热情地问："我带你们去吃赵二火锅咋样？"

　　"赵二火锅，我们已经去吃过了。"

　　"那我们就去吃饭江湖。"

　　"嘿嘿，那地方今天中午才去了。"

　　"那么易老头三样菜呢？"

　　"几年前就去过了……"

　　"曾老幺鱼庄你们去过没？"胡罡在电话那头耐心地问我们。

　　曾老幺鱼庄，这我还是第一次听说，于是连忙问："胡哥，这家店有啥特色？"胡罡告诉我们，这是一家经营了十多年的老店，其特色菜是邮亭鲫鱼，生意好得很。既然这家店的生意一直都好，那么肯定值得我们期待了。最后，我们约好了当天晚上见面的时间，并记下了该店的地址。

　　其实，记下地址完全多余，因为我们一上出租车，给司机说要去的地方是曾老幺鱼庄，就听到他对我们说："哦，你们去这家店嗦，那点儿生意好哦，恁个热的天，在洞子里吃鱼安逸得很，好凉快嘛……"咦，在洞子里吃鱼？我知道，重庆人平常说的洞子，指的就是防空洞。想到这里，还在车上的我，脑

子里已经在想象食客在洞子里大啖邮亭鲫鱼的热闹场景了。

刚下出租车，胡罡已经在店门口等我们了。可当我看到这家店时，心却凉了半截。只见店门口用钢架搭起了一个大棚，下面摆着数十张桌子，稀稀落落坐了三五桌客人。店招显得灰头土脸，陈旧的门框上写着"洞子首创第一家曾老么鱼庄"。我当时就在心里嘀咕，这店名也太长了吧，又是首创又是第一家的。

此时，胡罡催促我们赶快进店，说服务员已帮我们在洞子里找到了一张客人走后的空桌子，不然大热天的也只能坐在店门口吃鱼了。店门不大，穿过五六米长的洞口进到里边，眼前的景象顿时让我惊呆了，用"别有洞天"来形容一点也不过——洞内此时人声鼎沸，一侧仅留了一条窄窄的通道，其余空间全用来摆放餐桌，而服务员正小跑着在端菜。我们往洞子深处走了约200米远，差不多快到洞的尽头时，才找到服务员刚为我们收拾干净的一张空桌。

要说邮亭鲫鱼这道江湖菜，肇始于重庆大足邮亭铺，烹制时鱼先下锅干煎成两面黄，然后加汤煮熟，成菜鱼肉细嫩，味道鲜美。后来邮亭鲫鱼在江湖菜的流行浪潮中经改良以火锅形式出现，受到吃客的追捧，在渝中区长滨路上，形成了邮亭鲫鱼一条街。再后来邮亭鲫鱼在巴蜀大地红火了一阵以后，便很少能见到了。这次有幸在重庆重温旧味，着实是让我心里有些惊喜。

我把整条鲫鱼从锅中捞出，放在有花生碎粒、榨菜粒、葱花、香菜的盘内，浇上一瓢火锅油汤，调匀。花生粒、榨菜粒口感层次分明，翠绿的葱花、香菜更为那蓬勃的红色带来了一丝别样的生机，但这些都是陪衬，主角永远是那鲫鱼。鱼肉很嫩，在股股辣味中，还有些麻香味渗入其中，不禁让人叫绝。

我们一桌人就着美食，大口大口地喝着啤酒，享受着洞里的那一股清凉。这样的就餐过程，实在是一件惬意的事。半醉半醒间，我心里不禁羡慕重庆人在洞子里吃鱼的福分来。

待我们吃完走出洞子，发现这时连店门外钢架棚下边的餐桌也坐满了客人。就在我对这般火爆的生意大发感慨时，包里的手机短信不断。噫，咋的呢？朋友短信上说已经给我打了好多电话了，但显示都是不在服务区，而我这时才反应过来，原来是进洞子就没有手机信号了。

远离电话的烦扰，放松身心地吃一顿久别的江湖鱼肴，这对于生活在都市里的人来说，算不算是一种快意的饮食生活呢？

毛血旺

的今世前生

　　从童家桥始，狭窄的石板路在两旁老式民居的掩映下，蜿蜒曲折地顺坡而下，一直延伸至嘉陵江边——这就是千年古镇磁器口给人的直观印象。

　　据《巴县志》记载，磁器口建于宋真宗咸平年间（公元 998—1003 年），距今已有千年了。此地原名白岩场，传说明代建文帝朱允炆被其四叔朱棣起兵落败，辗转逃到磁器口宝轮寺隐居，此寺庙后来因此被称为龙隐寺，此地自然得名龙隐镇。民国初期，因附近盛产瓷器，又大多从古镇的码头运出，故得名瓷器口，又"瓷"字与"磁"字音相同，又改名为磁器口。

　　磁器口有关建文帝的传说很多。古镇三宝之一

的毛血旺，其源起就与建文帝有关。相传建文帝逃到磁器口时，正值子夜，饥渴难耐的他敲开一户有灯光的屋子，想讨些吃的。那是一家屠宰场，此时刚杀了几头猪。老板见建文帝一众可怜，就将昨夜吃剩下的骨头熬的豌豆汤放在锅里，猪肉还没刨净，就放了些鲜猪血在里面和着煮。一众君臣就着冷饭吃着猪血豌豆汤，觉得鲜香无比。

从屠宰场顺坡而上，就是宝轮寺。那时的宝轮寺规模极大，殿宇有16座，佛像多达300多尊。在此隐居的建文帝尽管心如死寂，但想复辟的臣子不少。这些人为了建文帝的安全，在他居住的殿宇佛像下，修了一条暗道，一直通到码头上方的滑嘟嘴。据说若从建文帝所居殿宇的佛像入口放一只鸭子，那鸭子准能从滑嘟嘴爬出来。滑嘟嘴是横在码头上方的一块礁石，挡住了嘉陵江的激流，使码头成了一个平静的港湾。但它也是行船的大忌，上游来的船，稍稍转弯不及，就会迎头撞上礁石。1949年后，政府在清理航道时，将此石炸掉了。在码头下方约千米、鹅卵石坝子的尽头，名为九石缸，相传建文帝臣子们为复国准备的金银就藏在那儿。民谣有"九石缸，九道门，九道门里藏金银"之说。

但最具神秘色彩的，当数铁链锁金龙之说。相传某天，建文帝居住的殿宇屋顶上的泥塑金龙突然摇头摆尾，极力想挣脱屋顶对它的束缚。方丈一见大惊，连忙叫来铁匠，打了条又粗又长的铁链，将金龙紧紧缚住，此龙才安静下来。

但这下建文帝的行踪便暴露了，只得离开。这座金龙被铁链缚在屋顶的殿宇，从此成了宝轮寺的一大风水宝地。来此朝拜进香的人不少，但此殿后来毁于战火。

磁器口的真正繁荣，始于重庆成为陪都后。那时，沦陷区的大量人口涌入重庆，各种货物流通的业务应运而生。磁器口作为嘉陵江上的一座大码头，是嘉陵江中上游各个州县和沿江支流的农副产品的中转集散地。据统计，那时磁器口每天有300多艘货船进出码头，各种货物在码头堆积如山。船夫、水手、贩夫、守着码头的下力人等，都得填肚子呀，于是，码头上、磁器口街上，各种廉价的吃食如雨后春笋般出现。令磁器口人津津乐道的还是古镇三宝：毛血旺、千张、椒盐花生。但最具特色的还是毛血旺，这一在建文帝时期没有发扬光大的下里巴人美食，却因码头的兴旺而发达起来。

儿时，我常随父亲到磁器口坐茶馆。令人印象深刻的是在码头上方正街，有一过街楼，楼是木头的，将街两边的房子连起来，而且顶上有盖。过街楼上是茶馆，成天都坐着喝茶的人，各种卖小吃的小贩穿梭其中。过街楼下，有一家店铺，门口支着一口大锅，锅中倒扣着一只大瓦缸，缸里扣着猪筒子骨、猪头骨、猪大肠、猪心肺和豌豆，浓浓的汤汁在锅沿沸腾，鲜香味弥散开来，吸引着过往的客人。店里的桌上，摆放着辣椒、花椒、酱油等各种调料，有食客来了，老板就将凝固的鲜猪血用刀划开，放进锅里，须臾鲜猪血烫熟，老板麻利地将熟透的血旺连着豌豆，盛在大大的土碗里，递在客人面前。客人吃时，根据自己口味，自行添加各种调料。常有些打着赤膊、或扎着腰带的下力人，老远就闹呼呼地吼着："老板，来三碗毛血旺。今天我请客，个都莫跟我抢！"

特别是在冬天，热气腾腾的毛血旺，直让客人吃得满头大汗，连称过瘾。

后来，过街楼发生火灾，烧毁后没重建，再后来是计划经济时代，毛血旺也消失了。

毛血旺的恢复，是20世纪90年代初的事情了。那时我母亲也从丝纺厂后门边搬家到了童家桥。每次回家探望母亲，我都要到磁器口街上走走。那时磁器口的游人不多，特别是在清晨和傍晚，石板路上空荡荡的。我慢悠悠地行走在千年石板路上，生出许多遐想，思古之幽情混合着古镇的传说，不经意间悄悄浸满我的思绪。

就是在这个时候，我看见了毛血旺。那家店铺在我儿时，是卖肉的铺子，现在成了一家食店。店的门口，依然如同儿时所见，炉子上安着一口大锅，锅上倒扣着一只大瓦缸，不用猜，我就知道瓦缸里扣着的是什么。

"来碗毛血旺。"我有些好奇，又有些忐忑，这道久负盛名、常听老人津津乐道、传诵不休的美食，我儿时见过，却没吃过，到底味道如何呢？

老板麻利地划猪血，下调料，一如我儿时见过的程序。须臾一碗冒着热气的毛血旺，就递到了桌上。豌豆是白豌豆，煮得很耙软，血旺熟后几乎成了细条，堆在豌豆上面。我用力嗅嗅，首先是浓郁的豌豆香味，随后毛血旺的淡腥味也涌了上来。毛血旺很嫩，入口即化，同着炖得耙烂的豌豆一起吃，竟有一股豆腐脑的鲜香味，但这股鲜香味中又带有淡淡的腥气。我尝试着用不同调料兑着吃，最后得出结论：毛血旺的最好吃法，不是多加油辣子，而是多加姜末，因为姜末带来的是一股沉郁的辛香，能压住毛血旺的腥味。

现今磁器口的毛血旺依旧风光，千张、椒盐花生也露出了昔日面容，此外还增加了特色小吃麻花鱼。发源于清代的陈麻花，因其脆香爽口，近年来也走俏起来，大有压倒昔日三宝，独领风骚之势。其实这也难怪，今日磁器口的毛血旺，已不同于昔日了。可能是因为磁器口的屠宰场撤销了，接不到鲜猪血，店家只能用制好的血旺。

"毛血旺"也顺应潮流，制作方式作了调整，加入了鳝鱼片、毛肚、火腿肠等时兴食材。那一盆红红亮亮的菜品勾人食欲，让南来北往的游客大饱口福，也让少小离家的游子重拾儿时的记忆。

袍哥鳝片

　　重庆城里人吃鳝鱼，始于清末湖广填四川的大移民时期。重庆当时属四川管辖，也接受了全国各地的移民。各地的烹饪手法和菜肴吃法，也随着人潮传到了重庆。随着家乡吃法与重庆吃法的融合，重庆的饮食花色就多了起来。

　　再说回吃鳝鱼。

　　话说一位姓王的广东人移民到了重庆磁器口，见这码头繁华热闹，各地物流汇集，是一理想的货品集散地，就起了做水果生意的念头，即从合川收购橘子，沿嘉陵江运到磁器口，再分发给各零售商或小贩。但那时，在整个四川，袍哥势力极大，各个码头都是由袍哥控制的。

袍哥讲究一个义字，那时，一个袍哥成员有事到另一个码头，对上切口后，当地袍哥要负责他三天的吃住。三天过了，问清对方要去何处，袍哥还会给他送上到那地的盘缠，然后礼送出境。

话说这王姓广东人有了做生意的念头后，就请负责帮派外方事务的五爷来家吃饭，有点恳请五爷同意，办个经商执照的意思。彼时，广东人的饮食，据清代徐珂《清稗类钞》所载，"粤东食品，颇有异于各省者，如犬、田鼠、蛇、蜈蚣、蛤、蚧、蝉、蝗、龙虱、禾虫是也……"。也就是说，在那会儿，广东人已是"天上飞的、地上跑的、水里游的"无所不吃。在他的席上，除了其他菜肴外，还有道炒鳝鱼片。五爷问："这东西也能吃吗？"虽疑惑，但还是夹起一片，皱着眉头吞下，结果大怒，骂道："到了重庆，你这菜还弄得甜呀呀的！外面恁个多辣海椒，不晓得用海椒炒呀！"

他赶紧派人去街上买来海椒，又加上重庆人爱吃的姜、蒜等辛辣物，特地重炒了一盘。这次，五爷吃得头上冒汗，嘴里哈气，连说："真邪了，泥巴里的东西恁个好吃！"

五爷是个头脑灵光的人，从王家出来，就去与管生意的四哥商量，在帮内开的小吃店里推出这道菜。由此袍哥开的店里就有了这菜，名字叫"辣子鳝鱼片"，但人们私下里都叫"袍哥鳝片"。那时，鳝鱼价廉，吃着又鲜，这道菜就传扬开来，不少店家都学着去做。这道菜的操作也的确简单，家庭也能做，于是重庆人吃鳝鱼之风就可劲地吹开了，但也只限于城里人和农村富人，乡下农人难得进城上馆子，知之甚少，偏远地区的农人，知之就更少了。

早期的袍哥鳝片，是将剖好的鳝鱼切片，洗净沥干水分后同姜片、花椒面、盐、蒜片、料酒码味，待锅里油烧至七成熟时，下郫县豆瓣，炒香后下鳝鱼片，断生后下切好的青红辣椒、泡姜片、泡辣椒段、蒜片，大火爆香爆熟。爆时可淋点料酒或少许水，熟后下蒜薹或芹菜梗即起锅。后来有了味精，起锅时也可加点。

但现在这道菜有了变化，青红辣椒退出了，大量的泡椒被运用在烹饪中，使得整道菜红艳艳的一大盘。不仅如此，菜名也变了，有叫"土鳝鱼片"的，有叫"泡椒土鳝段"的，也有直接叫"土鳝鱼"的。很多店家在推出此菜时，加了个"土"字，大约是迎合人们对原生态食品的青睐吧。

这种鳝鱼片，重庆的一些民间菜、江湖菜餐馆都有，但苍蝇馆、豆花饭、大型酒楼里是没有的。磁器口的码头会和朝天门湖广会馆的饭江湖，仍保留了袍哥鳝片的菜名。

水煮烧白

的由来

　　一天，我在杨家坪某酒家用餐，见菜谱上有一道叫"水煮烧白"的菜，甚为稀奇，于是点来尝尝。这道菜用巴渝家喻户晓的咸菜蒸烧白，加上川菜水煮菜式的调味方法制作而成，成菜既有传统烧白肥糯㸆香的口感，又增加了水煮菜式的麻辣味厚的特色。

　　现代都市人的口味以猎奇、追新、求变为时尚，为迎合这种口味，大小餐厅食肆的厨师绞尽脑汁在菜品上翻新，有时七拼八凑把几种风味糅合在一起成菜，不想有的菜竟歪打正着，使食客们颇为喜欢，于是一款新菜就在市场上流行开来。

　　后来我在编写《重庆江湖菜》一书时，把水煮

烧白编入书中，不想就此出了一场不大不小的风波。《重庆江湖菜》出版发行后，渝北区的一个叫李兴全的厨师又是写信又是打电话地向出版社投诉，后来出版社把信转给我，大意为：水煮烧白是他创制的，指责我为什么在书里说水煮烧白是这个酒家推出的，认定我侵犯了他的权利，要给他一个说法，不然要"扭倒费"（重庆方言，意指抓住不放、不依不饶）。这下可把我搞糊涂了。

为了把水煮烧白的由来"搞醒豁"（重庆方言，意指搞清楚），我带着诚意约见了李兴全师傅，向他解释：《重庆江湖菜》书中说某酒家推出了水煮烧白，并没有说这个酒家创制或创新了水煮烧白。推出与创制、创新是两个完全不同的概念。

李师傅也给我讲述了产生水煮烧白的来龙去脉。

故事发生在 20 世纪 90 年代初，重庆市烹调技术职称考核在重庆饮食技校举行，考办安排李兴全负责考生的大锅菜（伙食）。

一天考试下来，烧白的边角料剩得很多，扔掉嘛，实在可惜，炒来吃嘛，现在谁还吃肥大块。李师傅想：时下大家口味追求的是又麻又辣的强刺激，如果用麻辣味处理这些材料，说不定大家能喜欢。于是李师傅把这些做烧白剩下的边角料切成片，用水煮肉片的方法调味成菜。不想一大盆的肥大块刚端上桌，立马被厨师考生"洗白"［重庆方言，意指（吃）完了］。

李兴全师傅平时遇事喜欢琢磨，回到单位，他又经过多次尝试，摸索出一套制作水煮烧白的最佳方法：用带皮五花猪肉一块，刮洗干净，煮断生，肉皮抹酱，入锅炸至肉皮棕红，起锅切片，装碗以芽菜打底，上笼蒸熟；用二荆条辣椒、大红袍花椒制成刀口辣椒，再用郫县豆瓣、豆豉、姜蒜、辣椒面制成"水煮味汁"；蒸好的烧白倒扣于窝盘中，把水煮味汁从窝盘的四周倒入，然后在烧白上撒刀口辣椒、花椒，浇上烧烫的菜油就可以了。

后来，李师傅把水煮烧白推向了市场，水煮烧白受到食客的好评，因而大大小小的餐厅纷纷仿效。

水煮，是川菜烹饪中常见的技法。相传北宋时期，在四川盐都自贡一带，井盐采卤是用牛作为牵车动力。故当地时有役牛淘汰，而当地用盐又极为方便，于是盐工们将牛宰杀，取肉切片，放在盐水中加花椒煮食，其肉嫩味鲜，因此得以广泛流传，成为民间一道传统名菜。后来，菜馆厨师又对"水煮牛肉"的用料和制法进行改进，使其成为了流传各地的名菜。

到现在，水煮菜已经演变出多种不同的形式，从技法的改变到食材的选用都有了很大的变化。水煮已经成为经典的川菜烹饪方式。

水煮烧白实际上是由三款传统川菜糅合而成，一是咸菜烧白的口感，皮糯肉炟，肥而不腻；二是水煮菜式的味道，麻辣鲜香，味浓醇厚；三是攒丝杂烩的造型，形态饱满，造型美观。

水煮烧白这道菜的产生看起来是偶然，不过，对于有心人来说，偶然之中往往寓着必然。菜品创新是餐饮市场发展到一定阶段的必然，菜品创新的手法是多种多样的，像水煮烧白所用的"重复烹饪，复合调味"法就是其中之一。

佛跳墙 与 坛子肉

近年，闽菜经典佛跳墙"跳"上了重庆市民的餐桌，让不少"好吃嘴"垂涎欲滴，跃跃欲试。其实，我们重庆菜"坛子肉"的香味之浓郁，口感之鲜美，诱惑力之强大，并不亚于"佛跳墙"。

"坛子肉"是巴蜀民间传统菜，许多大众餐馆都能制作。烹制这种菜极为讲究，一定要把猪肉、墨鱼、金钩、火腿、鸡蛋等原料调制妥当后，再装入瓦坛。坛口要封得严严实实，用微火慢慢烧数小时成菜。坛子肉以肉质炽糯、味道鲜美、香气浓郁、油而不腻的特色深受人们欢迎。

把食物放在微火上慢慢煨炖，使菜肴成熟后又保持各种材料的原汁原味，且增加馥香浓郁的气味，

全靠火候功夫。

坛子肉的用火之道与苏东坡烧肉的用火之道如出一辙。苏东坡在其《猪肉颂》中关于烧肉的火候的描述相当精彩，“洗净铛（铛，一种底部较平的锅），少著水，柴头罨（罨，意指掩覆、遮盖）烟焰不起，待他自熟莫催他，火候足时他自美”。这句话的意思是，把锅置于炉灶上，将柴火掩盖不让火焰升起，使锅内的猪肉在微火上慢慢煨㸆至熟。如此所得之菜，其味极佳，其色极美。

“佛跳墙”是闽菜的扛鼎之作。在东南沿海及港台地区，名目繁多的“佛跳墙”店家，各吹各的号，各唱各的调，各有各的制法，都说各有神奇的渊源所自，有的说溯源于唐代，有的则说是地道的本土佳肴。还有名为《佛跳墙》的电视剧，将“佛跳墙”的故事演绎得精彩动人。

“坛子肉”没有“佛跳墙”那么多的逸闻趣事，我们只知道它起源于巴蜀乡村，民间以坛代锅，把大块猪肉放入坛中，加盐、姜、葱、料酒后密封坛口，用柴草灰火将肉块煨至炣烂。此时开启坛口，芳香四溢，有"一家煨肉，全村闻香"的说法。后来这种煨肉方法传入市肆，流传开来。

坛子肉却比佛跳墙来的"温柔"得多。如今无论是餐厅卖的坛子肉还是家庭自制的坛子肉，食材与过去相比有所变化，增加了一些海味，但工薪阶层还是可以接受的。

你看，作为平价美食，制作坛子肉的工艺也不简单：

第一步，猪肘子治净后切成块，鸡、鸭治净斩成大块，把猪肘块、鸡块、鸭块放入开水锅中汆水后捞出。香菇、冬笋水发后切片，火腿切片，墨鱼水发后切块，猪蹄筋水发后切成段。姜片、葱节、胡椒用纱布包好，做料包。猪瘦肉加鲜虾仁剁细，制成虾肉丸子，入锅炸至金黄捞出。鸽蛋煮熟去壳，入锅炸至金黄待用。

第二步，取大口陶坛（陶坛最好用绍兴老酒浸泡30天），先用猪骨垫底，把猪肘块、鸡块、鸭块、蹄筋段放入，再放入香菇片、冬笋片、墨鱼块、火腿片、料包，掺入鲜汤，下糖色、精盐、酱油、料酒，用牛皮纸封住坛口。把陶坛放在炉上用小火煨炖5小时，中途调整陶坛的位置两次，使之受热均匀。

第三步，从炉上取下陶坛，撕开牛皮封纸，把炸好的虾肉丸子、鸽蛋放入，再用荷叶封住坛口，放在炉上煨熥30分钟，然后取出入席开坛。

水煮刨花肉

　　春天万物复苏，三朋四友相约来一场拥抱大自然的运动。我们一行人来到歌乐山上的一家农家乐度周末。中午时分，大家坐在餐厅的一个角落，品着新茶，望着窗外的桃红柳绿，一切都是那样轻松、舒爽。

　　"几位哥子，吃点啥？"店家乐呵呵地请大家点菜。问这个，这个说随便。问那个，那个说都可以。店家用手抓抓头说："这就不好办了，哪个都晓得，世界上啥子菜都好做，就是'随便'和'都可以'这两种菜难做。"

　　我说："恁个嘛（重庆方言，意思是这样吧），我们每人点一个自己喜欢的菜。"我的这个提议得

到了大家的赞同，我率先点了水煮刨花肉。

店家说："你这哥子算是一个吃客。这是本农家乐的一道创新菜，菜的造型之漂亮、肉片之细嫩、滋味之霸道还真的是不摆了。都知道辣子鸡是歌乐山的老大，那我这水煮刨花肉算是歌乐山的老二。各位老板要是不尝，走出歌乐山就吃不到了。"

我说："先别提劲，你这菜能不能称歌乐山老二，吃了才晓得，充嘴壳子不算。"

水煮，是重庆菜烹饪中常见的技法，在宋朝就有了水煮菜式的出现，流传至今，从技法到食材都有了很大的变化，现在更是内容丰富，菜式众多。

龙门阵没吹完，服务员已将一大盆菜端上桌。只见红亮亮的汤汁中，一片片肉片曲卷，还真像木匠用推刨推出的刨花。

这水煮刨花肉，其实就是水煮白肉。其主料为片得很薄的猪腿肉，遇热后卷成圆筒，本来臃肿的肉片顿时脱胎换骨为少女的婀娜曲线，在麻辣味汁的滋润下，本来苍白的肉色变得如青春红颜，粉面含春。花椒、海椒的煳辣香，豆瓣的醇香，肉片的脂香四处弥漫。我拈了一块半肥半瘦的肉片，观之，那肉片泛着闪悠悠的红光，一口咬下，滑爽细嫩、麻辣鲜香各种口感一并袭来，简直妙不可言。再尝尝黄豆芽，又是另一种脆爽的感受。别看满盆大片肥瘦肉，满盆油汤，满盆海椒、花椒，但吃起来不觉油腻，也不感觉燥辣。肉片的细嫩肥腴与黄豆芽的脆爽清香，相映成趣。

　　水煮刨花肉成菜，可用水煮肉片的方法做，也可用水煮鱼的方法做。但不管用哪种方法，要想做一道完美的水煮刨花肉，首先要选好材料。选料太肥则腻，太瘦则木。最佳的当然是二刀坐墩肉。二刀坐墩肉肥四瘦六，肉质紧密，口感细腻鲜嫩。经过一番水煮，其肥肉变得鲜香爽口，瘦肉变得细嫩化渣，麻辣有度，鲜香爽口，花椒特有的麻劲与海椒的辣劲相配合，满口留香。

　　由于用料的不同，加上汤汁较多，水煮刨花肉不同于传统的水煮肉片。加工的时间恰到好处，使水煮刨花肉与同样用二刀坐墩肉为食材的蒜泥白肉、回锅肉相比又是另一种鲜嫩腴美。

　　别说，这个店家夸口的"歌乐山老二"，还真有几分道理。

渝北 蹄花汤

　　重庆人在饮食上的最大特点是追逐潮流，哪里有新、奇、怪的饮食，哪里有新开张的餐馆，哪里就会成为热点。但热潮一过，众人的目光又转向了他处。因此，在美食的江湖里，能使食客热情不减的菜品实在不多，而蹄花汤是"不多"中的佼佼者。重庆蹄花汤有多种做法，都汤鲜肉美、香气扑鼻。

　　朋友 W，是一"好吃狗"，也是我们这个圈子里的"导吃"，只要他发现新、奇、特的饮食，就会打电话告诉大家，哪里又有什么好吃的了。如果你想吃什么，只要打电话给他，再按他的指点按图索骥，一定能如愿以偿。

　　一次他说请我去吃清炖蹄花汤，七弯八拐钻进

了渝北金岛花园旁的一家"路边店"。老板娘与 W 已经很熟了。我们刚一进店，老板娘就开口说，"大哥，来一只蹄花？""不，两只。"W 伸出两个指头。老板娘笑着调侃说："大哥今天肯定特别饿。"引得善意的笑声四起。W 忙说："我们来的是两人。"老板娘招呼我们坐下，给我们安排了两份蹄花汤、一些凉拌菜和半斤白酒。

　　W 告诉我，一般来这个店子的，多是回头客，或者是听熟客介绍而来的。我举目一望，满座的店堂内，无论男女，无论衣冠楚楚还是蓬头垢面，大家都津津有味地啃着猪蹄，喝着浓汤。

　　我们的蹄花汤上桌了，汤汁浓稠酽白，蹄花晶莹如玉，再配上葱花的翠白新绿。一汤在手，入眼生喜，扑鼻生香。

　　其他地方的蹄花汤，蹄花都是斩成一块一块的，这里的蹄花却是一整只猪蹄，显得很"莽"（重庆方言，意指粗犷）。当我望着整只蹄花发呆的时候，W 熟练地用筷子撕下一块皮肉，在辣酱味碟中一滚，送到口中大嚼起来。有这块皮肉开路，W 酒兴大发，连说：喝酒喝酒，蹄花下酒，酒再多也不会伤胃。我也学着 W 用筷子夹起蹄花。这蹄花已炖得出神入化，轻轻一抖，带皮的肉和骨头便分了家，肥而滋糯，入口即化。蹄花中的蹄筋微微有些绵软，又不失筋道。吃罢蹄花，我开始喝汤。汤入口，一口热烈的醇鲜在嘴里散溢，过唇之后还有点儿黏性。看来，这汤炖制的功夫的确非同一般。三口汤入肚，我已经有些飘飘然了。

蹄花，是四川、重庆地区对猪蹄的俗称。

蹄花是重庆人的最爱，据说常吃蹄花还能美容嫩肤，这或许是重庆妹儿皮肤白皙细嫩的秘密吧？蹄花在重庆，有多种吃法。就拿炖汤来说，就有白豆炖蹄花、干豇豆炖蹄花、莲藕炖蹄花、泡萝卜炖蹄花、白豌豆炖蹄花、海带炖蹄花、山药炖蹄花。更有甚者，用蹄花与老母鸡同炖，蹄花和豆花共煮。总之，无论蹄花怎么炖，炖什么，都是一锅鲜汤，再配一碟蘸水，令人回味无穷。

烹蹄花汤是有诀窍的。第一步是选料。选猪蹄是有学问的，炖汤要选用猪前蹄。前蹄呈弯形，肉多骨少。选好猪蹄后，应拈去余毛，刮洗干净，直到看起来白白净净。第二步是刀工处理。在整只蹄上，横竖各划上一刀，划时不能伤到筋。第三步是入水汆汆。这道工序很讲究，要在水中放花椒、八角等几味香料，加盐适量，待水烧开后才能放入猪蹄。当锅里的水再次烧涨以后，加点料酒煮上几分钟，目的是去其腥味。煮后捞起来，用热水再洗一次，这时的猪蹄肤如凝脂。最后是炖煮，将汆好的猪蹄再放进炖锅里，用大火烧开后，改用小火。由于在刀工处理时没有伤到筋，炖制中，筋连皮绽，蹄上的肉膨胀起来，皮又开始收缩，猪蹄在汤锅中如同花朵般绽开。当汤色浓厚如同奶白时，将猪蹄用大碗盛起，其原汤以葱花点缀起味，配上辣酱油碟，红白相间，香气萦绕。

闵掌柜的羊肉『三绝』

冬至到了，吃友老吴说一定要去吃羊肉汤才行。在重庆地区，冬天吃羊肉进补，是自古以来的约定俗成，有"冬来羊肉进补，可以上山打虎"一说。

我作为餐饮业内人士，带着老吴一行人，来到了闵掌柜的羊肉馆。好不容易找个座位坐下，服务员立马迎上前来，奉茶，再递上菜单，而后穿梭似的送上电磁炉、汤锅、碗盘、杯碟、调料和羊肉、羊杂及其他涮料，倏忽就摆满一大桌。菜上齐了，汤锅也沸了。盛上一碗羊肉汤，汤里撒一点儿香菜，乳白色的浓汤上漂浮着星星碧绿，色泽诱人。用小匙搅动汤汁，还未入口，一股诱人的香味便扑鼻而来。我先尝了一口汤，果然非常鲜浓，沁入肺腑，既没

有羊的臊味，又保留了羊的鲜味；喝完第一碗汤后，咬一口羊肉，更是爽滑无比，余香满口。

得知我们的到来，已经下班的羊肉馆老板从家里赶来。见面的第一句话就是："怎么样？我的羊肉汤还可以吧！"闵掌柜的表情和语气中都透出自信。

老吴忙说："不错、不错，的确名不虚传。"

吃友老李说："帅哥老板可不可以透露一点绝招，以后我好在家里自己炖羊肉呢？"

闵掌柜谈起羊肉烹制技术，口若悬河："其实炖羊肉并没有什么特别的绝招，大家都知道，羊肉好吃，但却有一股让人不舒服的膻气，羊肉要做得好，关键是去除膻气。想要羊肉好吃，首先要选好料，其次才是烹制技巧。"

山羊鲜肉先用水洗干净，再放在清水中浸泡，当羊肉中的血水全部浸出，肉质发白时捞出，沥干，将羊肉切成大块，放入大锅，掺清水完全淹没羊肉，水要一次性掺足，中途不能加水。用旺火将水烧开，拣尽汤面的血沫，放入老姜、料酒、胡椒、花椒（花椒要用干净纱布包好），改用中火炖制3小时。用这方法炖出的羊肉汤色泽乳白，味道鲜美。

这时服务员又端上了一份"粉蒸羊肉"，也就是大家熟悉的"羊肉笼笼"。多少老重庆一提起羊肉笼笼就满口生津。羊肉馆门前，碗口大的小竹笼高高地重叠在蒸锅上，呼呼冒着大气，半条街都弥漫着诱人的香味。

"为啥子你们的粉蒸羊肉比其他店的要滋润呢？"吃友张女士问道。

闵掌柜回答："羊肉笼笼的制作看似简单，但要做得地道可不容易，一是要调好味，二是要掌握好火候：羊腿肉切成条片，加调料码味，把蒸肉粉加入和转，再加菜油、冷羊肉汤拌匀，装入小竹笼内，用旺火蒸12分钟，吃时撒花椒粉、葱花、香菜末就可以了。制作的关键是在羊肉拌上米粉后要加菜油和冷羊肉汤，这样蒸出的羊肉才散疏、滋润。"

老吴喜欢味浓味厚，所以还对这里的"红烧羊肉"格外喜欢，一下子点了三份。

制作红烧羊肉通常选用羊肋条肉。先用清水将羊肋条肉浸泡，去掉血水，再改切成条，放入开水锅中余一下，捞出切成块。炒锅掺色拉油，下干红辣椒、花椒、郫县豆瓣、姜米，煸炒至出色出味，掺入羊肉鲜汤熬一会儿，再把羊肉块放入，用旺火烧开，加料酒、醪糟汁、五香粉、挽结的大葱，改用小火烧至羊肉炉软柔糯起锅。红烧羊肉的色泽红亮，味浓鲜香，吃起来令人特别过瘾。

在这只有几张餐桌的羊肉馆内，一个个汤锅，翻卷白浪，一阵阵香味，弥漫店堂。欢笑声、碰杯声、吆喝声、咀嚼声，此起彼伏，犹如一曲美妙的交响乐。不管是衣冠楚楚的小资，还是趿鞋蓬头的力夫；不管是"骑着宝马"来的白领，还是"开着11号"来的平民，大家都不嫌这里陈设简单、坐场拥挤，一应围桌而坐，面对满桌的羊肉，杯不离口，筷不离手，红光满面，兴高采烈，尽情享受这难得的美味。

这顿饭，吃友个个吃得酣畅淋漓，酒醉汤饱，鼓腹而歌，尽兴而归。

　　新编言子"重庆小吃三件宝，凉粉、烧烤、豆腐脑"。就重庆美食而言，称得上"宝"的岂止三件呢，任选三件皆可成章：重庆火锅三件宝，毛肚、鸭肠、鳝片；重庆烧腊三件宝，猪耳、卤鸭、鸡脚爪……重庆的市井美食丰富多彩，琳琅满目，不胜枚举。

　　不过，凉粉、烧烤、豆腐脑这三样东西在重庆餐饮市场是绝对的"今日之星"。而凉粉、烧烤、豆腐脑这三件宝中最让人牵肠挂肚的就是豆腐脑。

　　小时候，只要荷包里有几个散碎银子，我就会去楼下的小吃店吃豆腐脑。小吃店的王大伯用比我拳头还要粗的楠木推杆推着石磨，王大妈在磨边拿着小瓢，随着推磨的节奏，不时缓缓地从缸钵里舀

出带水的胖乎乎的黄豆往磨眼儿里添加。在石磨转动的吱嘎声中，磨沿边，雪白花花的豆泥流淌出来，顺着磨盘又流进盛浆汁的大桶里。接着王大伯把豆泥在滤布中过滤成豆浆。这时灶台上的大铁锅也开锅了，王大伯把豆浆倒进大铁锅里烧沸。他又将滚烫的豆浆盛入大木桶，把少量石膏水倒在一只大瓦缸中，并用干净的刷把在缸壁上刷上石膏水，然后提起木桶站在高处，居高临下地把豆浆往大瓦缸里一冲——颇有一种"飞流直下三千尺"的气势。最后他用刷把蘸上石膏水，往豆浆上一洒，便盖住了缸盖。

王大伯告诉我：点豆腐脑用石膏是有讲究的，石膏用多了，豆腐脑就老了，吃起来没有滑爽的口感；若是少了，豆腐脑就没有凝性，吃起来又没了温润的质感。点豆腐脑，冲浆最考技术，冲浆动作要快，切忌多搅动。通过王大伯的一番解释，我明白了为什么王大伯家的豆腐脑比其他食店的豆腐脑好，关键是从高处把豆浆冲下，在物理作用力下使豆浆与石膏水迅速混合均匀，豆浆凝固的时间一致，成花也就白如玉嫩如脂了。

顷刻间，豆浆就凝成了细腻温润柔软的豆腐脑。

这时我赶紧掏出钱递了过去，王大伯小心地揭开缸盖，用一种很平坦的小瓢（小勺）将雪白颤动的豆腐脑薄薄地一片一片舀起来（与其说是舀起来，不如说是削起来），一般一只小碗只装四五片，浇上红油辣椒、酱油、醋、花椒

面以及姜米、榨菜、酥黄豆、葱花等调料。这一碗吃食，豆腐脑雪白，红油辣椒棕红，油酥黄豆亮黄，葱花芫荽翠绿，色泽鲜艳、层次分明。这时我喉咙管里好似早已伸出了爪爪，赶紧用调羹一搅拌，将红白黄绿各色混搭，使麻辣酸香水乳交融，然后用调羹舀起，一边吹着气，一边迫不及待地送进嘴里。几调羹戳下，碗便见底了。

长大了，我才知道全国很多地方都有豆腐脑。外地人多把豆腐脑作为早点，重庆人则把豆腐脑作为间食——用来吃耍，一天到晚都有得卖。我曾因工作关系四处游荡，北京的、山西的、江苏的、广东的，咸的、甜的、荤的、素的豆腐脑，我都尝试过，但我最喜欢的还是重庆的豆腐脑。

重庆豆腐脑的作料一般有红油辣子、蒜泥、姜米、花椒面、香醋、酱油、小葱花、香菜、榨菜粒、酥黄豆——当然有点鸡丝更好。这样的用料并不算复杂，但它浓缩了世间"味"的精华，融麻、辣、酸、香于一碗。

满碗通红的豆腐脑吃进肚里，染红的是食者的双颊；明明已经酸得皱眉了，还说"不酸"；明明已被麻辣得唇舌发颤了，还尖声高叫"老板，再加点花椒、海椒面"。小伙们也常常结伴光顾，呼来几碗，一边品尝，一边评论，既过瘾，又便宜。豆腐脑只值区区小数，哪条好汉都可以慷慨解囊，所以大家都可吃得热热闹闹，和和乐乐。

煽情的酸辣粉

酸辣粉吃起来爽滑利口，麻辣酸香，作零食可解馋，肚子饿了可充饥，可作主食，也可当菜，角色转换自如。

重庆八一路有一小吃店——该店门脸小得只能算没座位的食摊，但其制售的酸辣粉却在这里出尽风头。食摊前人头攒动，大家手里端着酸辣粉，嘴里嚼着酸辣粉，坐在街沿吃，站在路边吃，走在道上吃。半条街弥漫着辣乎乎，麻酥酥，酸唧唧的香味。

我喜欢酸辣粉，但从没有"下叉"去吃酸辣粉。每次想尝试，看见摊前那长长的队伍，只好望而却步，望"粉"兴叹。我觉得去这家店吃酸辣粉是件辛苦

的事，要吃，得做好排队排到腿软的准备，站在别人身后看着人家"呼儿、呼儿"地吃也是件痛苦的事。可等你好不容易买了粉，又没座位，站道上吃，坐街沿吃，走路上吃又被别人盯着吃，再好的味道也会丧失殆尽。

一天，好友吕明鉴来电话，他在八一路开了一间名特小吃城。

朋友新店开张，我等自然要前去祝贺，几个吃友直奔名特小吃城而来。这里两千多平方米的店堂，经营着上百种小吃，有本土的，也有外地的，人流滚滚，座无虚席。所幸吕老板事先给我们留座，不然大家可得当"向公"（站在食客后边看着别人吃）了。面对琳琅满目的小吃，吃什么？什么都好吃，什么都想吃。我见菜单上杂酱酸辣粉赫然在目，好一阵欣喜。

酸辣粉很快端上来，浅灰色晶莹的苕粉浸在红艳艳的汤汁中，酱褐色的肉末，夹杂着两三颗花生米，些许葱花、芫荽，有绿有白，起到很好的点缀。用筷拌和，一股浓浓的酸辣香味扑面，非常吸引人。我尝了一口，口感非常地好。在浓浓汤汁的浸泡下，苕粉柔软滑爽而富有弹力，这里面有辣椒、花椒与香醋的混合香，葱花、芫荽的清香，肉末的酱香和花生米的酥香，这些香让你欲罢不能。酸辣粉开始入口非常惬意，但其中隐伏着火灼般辣的感觉。一碗粉下肚，那个辣呀、酸呀，让我吐舌嘘气，汗流浃背，泪涕齐飞。吃友小谢见我的狼狈相开玩笑说：酸辣粉啊，想你想得我心累，终于目睹了你的芳容，可你又让我伤心落泪。

　　酸辣粉是重庆市民最喜爱的休闲小吃之一。在街头巷尾，酸辣粉店、酸辣粉食摊随处可见，其中不乏制粉高手。

　　日月光广场的一家酸辣粉给我留下的印象特别深。柜台上重重叠叠排着的酸辣粉快餐盒，就餐间里低着头伸长脖子吸食酸辣粉的食客，不仅有妙龄少女、年轻小伙，还有白发老人。这里的酸辣粉非常入味，粉丝晶莹剔透，色泽灰红白绿，口感柔润滑韧，麻辣酸鲜诸味协调温柔，因此能适应更多食客的口味。

　　磁器口有一酸辣粉店为了让食客看着热闹，吃着热络，现制粉、现煮粉、现打作料，在门前摆上一口大锅，锅里熬着鸡杂骨、猪筒骨，汤汁翻滚，香雾氤氲。有人要吃，伙计便把筒状的粉坨放进漏粉瓢，用手拍打，随着拍打，细长的苕粉丝流入汤锅中，几分钟后粉丝变得晶莹剔透，即捞出入碗，依次把红

油辣椒、酱油、香醋、姜汁、蒜泥、花生米粒、榨菜粒、花椒面、味精放入。这种现制手工酸辣粉晶莹剔透，浑圆柔润又饱富弹劲，它除具备麻辣酸香的特色外，细细咀嚼可以发现还有一种说不出的鲜香。

重庆小吃中的"粉"真不少，除面粉制品不叫粉外，以大米、豆类、薯类为原料的，成丝状的都称为"粉"。以豌豆为主要原料制成的粉叫"粉条""粉丝"；用大米为原料制成的粉叫"米粉""米线"；用红苕制成的粉叫"苕粉"；用红苕、大米或红苕与豌豆、黄豆为原料制成的粉叫"和杂粉"。

制作酸辣粉虽然不需要太高的技术，但十个人做出的酸辣粉就是十种味道。因为苕粉自身无显味，要想味好关键在于苕粉的作料、调料的选择、调料的品种、调料的产地、调料的配伍、调料的比例。

有朋友曾问我，究竟哪里的酸辣粉最正宗、最好吃？我想，这个问题又有谁说得清，"萝卜青菜，各有所爱"，酸辣粉并无定味，对自己口味的，就是最正宗、最好吃的，你说是吗？

之趣

串串香

97

第二章 个性张扬的味道江湖

　　"串串香"是用一根竹签把食物串起来，放在麻辣汤汁里烫（煮）而食的休闲小吃，是重庆小吃夜市的主打品种之一。

　　说起串串香的历史，有些年纪的人可能还记忆犹新：多年前在重庆主城区，华灯初上时分，就有一些卖小食品的小贩在街边摆起一个个煤球炉，炉上放一只小铝锅，锅里熬的是又麻又辣的汤汁，火炉旁有一小方桌，桌上有一竹�或铝盘，盘里装着一些用竹签穿起的荤、素串串，桌上还摆有干海椒面、花椒面、调味盐的碟子。当有买主光顾时，小贩就拿起选定的荤、素串串，放在锅里烫煮，串串烫熟后放在味碟里蘸上海椒粉、花椒面，递给买主，

让买主边走边吃。这拨人马去了，第二拨人马经不住香味的诱惑，也身不由己地走上前来。这一拨一拨的人马，给小摊平添几分欢乐。热闹一直延续到深夜，待晨曦微露时，这些小摊就销声匿迹了。这就是最初的"串串香"，也有人把它叫做"麻辣烫"。当时串串香的汤卤调味并不讲究，供烫的原料也比较单一，只有午餐肉、火腿肠、肉丸子、藕片、豆腐干、海带等。

不知是谁突然发现"串串香"与火锅相比，不管是调味的方法还是原料的使用，没有多大的区别，且串串香来得更为随心所欲，可以不受时间、场地、食材的限制。于是，有人对串串香进行了较大的改良，注重对卤汁的调味，又把凡是火锅可烫的各种原料都用竹签串起来，供食客选择，还把煤球炉改为燃气炉，增加了小锅，添置了矮桌小凳，一张桌子置一小炉，放一小锅。在经营方式上，无论荤素，一律按2角钱一串，由食客自选、自取、自烫，吃后按竹签结算。这种吃法颇有趣，就像过去巴渝幼童办"家（音：嘎）家酒儿"、熬"锅锅窑"。

再后来，有的小贩把"串串香"摊子搬到室内全天候供应，更使这些串串香成为"正南齐北"的自助小火锅，但更多的小贩热衷于做夜生意。每天太阳西沉时，街头巷尾的大大小小的串串香摊子开始"驾墨"（重庆方言，意指作准备）。摊主们炒底料、熬汤卤如火如荼，汤卤料熬香后分别装入若干个小铝锅。一张张小方桌从屋里摆到了街边，桌面置燃气炉或电磁炉，炉上小铝锅中装满红红的火锅卤汁，散发着诱人的香气；食品架上的菜筐装满一串串的食材，天上飞的、水里游的、土里长的无所不有。

　　天未黑尽，食客们便呼朋携友、三五成群地围桌而坐，在昏暗的灯光下，往锅里大把大把地烫串串，想吃什么、吃多少，自己动手；吃老、吃嫩、吃脆、吃爽，自己掌握；吃咸、吃淡、吃麻、吃辣，自己调味。老食客轻车熟路，尽情品尝；初尝者满怀好奇，跃跃欲试。

　　夜色已深，街道上灯火阑珊，唯有这路旁一隅，仍是欢声、笑声、碰杯声齐聚。吃串串香图的就是好吃好耍，要的就是轻松愉快，胡吃海喝之后，半醉半醒之际，食客可以"武气"一声喊："妹儿，数签签！"一般的人可以吃上三四十串，"吞口"好的人（重庆方言，意指食量大的人）"整"个两三百

串不在话下。如果多几个这样的人来吃，可是害苦了服务小妹。一大堆签签，小妹数得眼花缭乱。

那些没有时间坐下慢烫细品的食客，禁不住串串香的诱惑，也停下脚步，在摊前挑选几串自己喜欢的，交给摊主。"老板，来两串。"摊主立即把选好的串串放入卤汁沸腾的大铝锅中煮烫，一会儿就拿出来，撒上干海椒面、花椒面，然后把食物从竹签上撸下，装在快餐盒中加几根牙签递给食客。食客付钱后，端起快餐盒扬长而去。

这串串香"串"起的是平民大众的美食情结，"串"起的是人与人之间的浓浓亲情，"串"起的是重庆人张扬豪爽的性格，"串"起的是巴渝的民俗食风。

亲爱的朋友，我想你若见到这种火热场面，也会禁不住串串香的诱惑，知味停车，闻香入伍，以品尝串串香的美味为快吧！

妙趣横生的

「乡情吃趣」

豆花饭

垫江

豆花，也称豆腐花，是豆腐的变种，制作过程跟豆腐一模一样，都是将黄豆经过泡、磨、沥、熬、点、煮、调七道工序加工而成。

以前，在重庆民间，一般人家请客吃饭，最便利也最隆重的就是豆花饭，只有亲朋好友一级的人物才能够享受到。

把豆花发扬到极致，能吃出山野清溪之感的，当数垫江豆花了。

走进垫江县城，随处都能看见豆花店。无需进店，就可以看见门前摆着磨豆花的石磨，旁边是一盆泡胀了的黄豆。驻足观望，但见推磨的推磨，添磨的添磨，白花花的豆浆就从磨盘里流出。这时，又有

人将豆浆倒进旁边架着的滤网里，过滤出来的豆浆，被倒进支着的大铁锅里……

豆花是重庆的一大小吃，也是主食。如今基本上都是机器磨豆浆了，只有垫江等少数地区仍保留着纯朴而原始的制作方法——用石磨磨浆。这也是垫江豆花的一大特色。

待走进店堂，惊诧之际，也算大开了眼界：酱油、味精、盐、姜水、蒜泥、糖、芝麻、豆豉、油辣子、葱花、芫荽、煳辣壳、青海椒、糍粑海椒、榨菜、香油、花生米、胡椒、花椒、山胡椒……调料品种之多，令人咋舌。在垫江之外的其他地方，调料大多无外乎两种，青椒和红椒。红椒是油辣子海椒，加盐、味精、蒜泥，或者再加几粒炒黄豆调成。青椒有切碎用油炒过的，也有炒或烧后制作的糍粑海椒。在其他地方吃豆花饭是店家弄好一碟调料端给你；在垫江吃豆花饭是自己弄调料，随便你弄，想弄哪样就弄哪样，想弄多少就弄多少，只要不浪费，老板绝不干涉。但怪事就出来了，尤其是外地客人，看到这么多调料，取舍不下，这样要点儿，那样也要点儿，一个碗碟里调料占了半碗，蘸着豆花，反而吃起来味道不好：不辣不麻也不鲜。倒是有图省事的，就让店小二帮着加调料，只说出自己的喜好：辣一点，或麻一点，或鲜香味浓些。别看人家只放三五样，却能让你赞不绝口。

垫江豆花还有一大特色就是早餐也有豆花卖！而早餐吃豆花，还能给身体带来意外的惊喜。

记得我到垫江时，正值万物峥嵘的五月。清晨刚起，好客的主人就敲门进来说，去吃豆花饭。早晨吃豆花饭？我觉得一定搞错了。但主人仍在坚持，并说带我先去看看、试试、尝尝，如实在不喜欢，就改吃其他的。

我也有些好奇，毕竟做豆花自有一套工序，很费时，居然在早晨就能吃到。我跟着朋友来到豆花店，一看，不大的店堂早已食客如云。人人面前都是一钵、一碗、一碟，或边吃边摆龙门阵，或只是埋头苦"干"，豆花的香味混合着麻麻辣辣的味儿，弥漫在整个店堂。

怀着新奇的感觉，我小心翼翼地用筷子夹起一团颤巍巍的豆花，往味碟中一裹，往口中一送。没想到奇迹便发生了，舌尖的味蕾如久旱的田野遇到突降甘霖，尽情地吸吮着这其貌不扬的豆花所带来的酣畅淋漓。

这感觉首先是辣！有红油的香辣、青椒的鲜辣、糍粑海椒的煳辣、蒜泥的辛辣、姜汁的刚辣，以及垫江特产山胡椒的奇辣。

然后是香！有麻油的醇香、花生的脂香、芝麻的馥香、八角的浓香、花椒的麻香、小葱的清香，还有豆花与生俱来的豆香。

最后是鲜! 有豆花的乳鲜, 各式调料从田野里、山林间带来的新鲜, 若有讲究的, 还在调料中加入几粒炒香的肉末, 以及一勺浓浓酽酽的鸡汤, 你说鲜不鲜呢?

我万万没有想到, 这样普普通通的一款小吃, 而且吃得那么"不合时宜", 却是异常鲜美。"忽如一夜春风来, 千树万树梨花开", 体内休眠的器官瞬间被唤醒了, 蛰伏的细胞被激活了, 我整个人如同服了仙丹, 神清气爽, 空灵清澈!

我很诧异这寻常的豆花饭, 怎会给身体带来这么大的冲击呢? 我细细地想了一下, 也就明白了。长期以来, 我那休眠一夜的肠胃, 早已对稀饭馒头、面包牛奶麻木疲软了, 只是靠本能在运转, 突然间, 平静被打破, 麻辣鲜香加上豆花的泥土鲜香, 忽啦啦涌了进来, 肠胃受到了刺激, 神情一扬, 立即抖擞起来, 像喝足了油的发动机, 飞快地运转起来。

难怪在垫江, 一般人家都不爱煮早饭, 就喜欢出来吃豆花饭。

也是在垫江, 我还吃到一款更为新奇的豆花。那是在垫江的一个乡场, 我们驾车路过, 时间也是早上。当时那里有两家店, 一家卖小面, 一家卖豆花, 因为不逢赶场, 街上几乎没有人。一看见豆花两个字, 我就想起在垫江县城吃豆花的情景, 毫不犹豫地对同行的朋友说: "吃豆花, 垫江豆花有特色!"

走进店里, 我才发现, 这家店不仅有特色, 而且大有特色! 这家小店的调料不如县城, 只有油辣子和青椒两种。当店家把豆花端上桌时, 我大为惊诧, 粗糙的大碗里, 哪里是豆花, 分明是一碗冒着热气, 还在摇荡的豆浆!

"老板, 我要的是豆花, 不是豆浆!"我朝着锅旁的夫妻俩喊。

"是豆花呀, 你等一哈儿就成豆花了。"男老板说着, 走了过来。见我一脸茫然, 他解释说: "这是在碗里点的胆(卤)水, 送到桌上等哈儿就成豆花, 比锅里点的更嫩, 越吃越绵扎。"

说话间，碗里的豆浆已经凝固成了豆花，我大感好奇，对老板说："再来一碗，我看你啷个做的。"说着，我就跟着老板走到锅旁。

　　店里的豆浆不是装在铁锅里，而是在一大铝锅里，下面有小火煨着，使之保持着温度。老板将豆浆舀在碗里，然后加了一小勺稀释了的卤水，又在碗里搅了一下。约莫一分钟，豆浆就凝固成了豆花。

　　临走时，我久久地望着那木板青瓦的老式民房，望着那粗笨的桌椅，脑子里清晰地浮现出一位网友说的话：那碗豆花，永不改其莹白，像一个把门眺望的蓬门碧玉，正等待着你久违的造访，迟来的梦回。

　　这，就是垫江豆花的魅力。

长寿 血豆腐

　　我第一次吃长寿血豆腐是在 1975 年。那时的长寿县城很简陋，分为城区和河街。从城区下河街，要乘坐据说是全国最长也最陡的缆车。河街是在码头，房屋虽然破败，人流反而多些。我就是在河街一家陈旧的餐馆里，吃到了血豆腐。当店家将切成片状的血豆腐端上桌时，我看到的却是雪白的豆腐里面镶嵌着一些肉粒，不觉有些惊讶："既然叫血豆腐，怎么没有血呀？"

　　店家看了我一眼，说："外面是红的呀！"

　　我仔细瞅瞅，外皮果然略带红色。当时，我对血豆腐并没有什么特别深的印象，只是觉得好吃。因为它里面有肉，毕竟那个年月的肉是要凭票买的，

很少能吃到。

　　真正认识血豆腐，是后来在一朋友家。朋友家挨着晏家河，河水从后门边流过。坐在他家后门的台阶上，就可以钓鱼，是我常去的地方。正是在这朋友家，我看到了血豆腐的烹饪方法。未煮之前的血豆腐是一个个像汤圆般大小的红疙瘩。吃时，用温水将"红疙瘩"表面洗净，上笼用大火蒸熟，然后切成片状即成。这血豆腐有腊肉的香味，味道咸鲜麻爽，绵韧耐嚼，初嚼是干香，越嚼越有滋味。它若同炒花生一同佐酒，更可称是桌上佳品了。朋友让我品尝他家的血豆腐，我连称好吃，说比餐馆的还要香润可口。朋友母亲说，这是自家做的，每年做腊肉香肠时，家里都要做些血豆腐，一年都有得吃。

　　我这才知道，血豆腐是长寿独具特色的乡土美食，在农村，几乎家家过年杀了猪后都会做。据说，在清代，一位名叫孙志平的长寿人，还曾将血豆腐推向全国，使其扬名大江南北。孙志平先后在北京、广东等地当官，因为喜欢家乡血豆腐的美味，时常叫家乡人寄来，佐酒下饭，以寄托自己的思乡之情。同僚、朋友来访，这位孙大人也以血豆腐招待客人，众人吃了都觉得好，由此血豆腐的名声便打响了。

也是在这位朋友家，我见识了血豆腐的制作过程。

只见朋友母亲用手将豆腐捏碎，顺时针搅捏成泥，然后加入食盐、五香粉、花椒等辅料，将豆腐泥像包汤圆一样，窝成椭圆形，将切好并码好味的猪肥膘肉放在豆腐泥的窝心，慢慢捏成圆形，过程与包汤圆无异。这就是血豆腐！朋友母亲告诉我，就是这样做的，待它稍干时，再捏紧些，然后放在筲箕上，端出去晾干，再烘烤就变成红的了。

看着做好的血豆腐，我不得不佩服发明这道美食的人，把食材的特性了解得清清楚楚。猪肥膘肉滋润，能与豆腐紧密地结合在一起，而且在烘干过程中不收缩，不会与豆腐分离。若改用瘦肉，或是其他肉，可能是达不到这个效果的。

如今，血豆腐已成了长寿的名特产品，与过去相比，品质也得到了提升。"血豆腐"不再是一道普通的农家食品，已成为了这座城市的一道金字招牌。作为在长寿生活了几十年的我，更是与血豆腐结下了不解之缘。每次去长寿，我都会买一些带回重庆慢慢品尝。有时，自己去不了，我也会托长寿的朋友带一些回来。

米粉
长寿

长寿除了血豆腐之外，还有一道在当地家喻户晓、备受欢迎的大众小吃——米粉。

长寿米粉历史悠久，相传是东汉末年，刘备举兵入川时，有个名叫张同甘的伙头军，将米粉的制作技术带到了长寿。这个传说，粗看似乎有道理，但细一推敲就有问题了。这伙头军从什么地方将此技术带到长寿呢？当时其他地方根本没有米粉这一食品，与米粉接近的只有两广一带的河粉，但河粉是鸦片战争之后才发明的。所以我认为，米粉出现的原因是随着大规模的外省人迁徙到川渝。有些人想吃面了，但那时长寿很少种麦，就打起了大米的主意，又从当地人春节吃汤圆得到启发，既然糯米

能用水泡软后磨成米浆，然后沥干水分，搓成汤圆，大米何不也试一下呢。只是用大米制作时，米浆不用沥干，而是将浓稠的米浆摊到笼里蒸熟，又将一张张米皮叠码在一起，晾凉后可保存很久。吃时将米皮切成细条，入滚水中烫一下即捞起入碗，放入吃面条的调料，权当面条吃。由于米粉洁白如雪，入口软糯绵扎，配上酱油、油辣子、辣椒面、花椒面、咸菜末、花生碎或黄豆，撒上葱花，淋上香油，在其麻辣鲜香中，又带有大米特有的甜香味。这一吃法得到了大家的认可，便迅速在农村普及了。

过去，在长寿农村，过春节时，几乎家家都要做几笼米粉，作为过节的必备食品。家有客人来了，家庭较为富有的，可以用汤圆、荷包蛋招待客人，家贫的，主人便会煮上一碗热气腾腾、香气四溢的米粉，送到客人面前。大冬天吃上一碗鲜热麻辣、醇香四溢的米粉，主人的情谊、对客人的尊重，无不淋漓尽致地体现出来。由于米粉深受人们欢迎，就有人专门做了上街售卖。这下吃米粉的人更多了，街上就有了专门卖米粉的小店，长寿米粉也就延续发展至今。

现在的长寿米粉，搭配的调料更多了，芽菜或榨菜碎少不了，其他还有油辣子红椒面、花椒面、姜末、蒜水、酱油、味精、香菜、香葱、花生碎或炒香

的黄豆；配的汤汁，必定是猪筒子骨加鸡鸭骨架熬成的，再搭配以时令绿叶蔬菜，雪白的米粉映衬着碧绿的青菜，很是爽心悦目。细嚼慢咽米粉时，其特有的大米香气混合着麻辣鲜香，形成一股复合的香味，在唇舌间弥漫开来，那口感滑爽而有韧性，越嚼越香，让吃的人直觉醒神提气。难怪有人说长寿米粉是面的形、米的魂、麻辣小面的调味儿。

长寿米粉最为独特之处，在于它仅限于长寿地区，别处没有，与它临近的垫江没有，整个重庆市区也没有。这可能与它较为复杂的做法有关。制作米粉，要挑选上好的大米，最好是去年的，当年的新大米不用，新大米做出的米粉下锅易断。将选好的大米用水浸泡约二十个小时，磨成浓稠的米浆；蒸笼底垫一块纱布，将米浆均匀地摊在纱布上，盖上笼盖蒸熟后就成了米粉片儿；将米粉片儿取出摊在案板上晾凉，笼里继续下米浆蒸；将摊凉后的米粉片儿一张张叠起，一般约5～8张为一叠，这就是成品了。吃时将米粉片儿切成条下锅烫一下就可食用。过去蒸笼是圆的，蒸出的米粉片儿是圆形，现在加工作坊将蒸笼改为长形或方形了，便于后期的刀切。

长寿米粉的做法与两广一带的河粉有些近似，只不过蒸河粉时的米浆要稀些，蒸得也薄些，成品是米粉皮儿。长寿米粉蒸时米浆要浓稠些，成品也厚一些。

在长寿，米粉是大众小吃。街边小店都有卖米粉的，有的是专门的店，有

的是卖小面的店。而且米粉种类也多了，不仅有素的，也有荤的，杂酱、牛肉、三鲜、鸡杂……可以根据自己的喜好随意挑选。无论是素的也好，荤的也罢，米粉入口皆是滑爽而有韧性，鲜香味中总有一股大米特有的香气在唇舌间弥漫开来。

现在，长寿米粉除了传统的煮食之外，也推出了许多新的吃法，可以做成炒粉，有素炒，也有荤炒；味道可以是麻辣味的、酸菜味的、家常味的；还可以用来烫火锅、做烧烤。用米粉烫火锅很有诗意：一锅沸腾翻滚的红汤里，米粉如雪白的莲花仙子入沐，几经沉落，洁白的仙子披上彩霞，在翻滚的红汤里诱惑着你的食欲。

我曾在长寿工作了几十年，吃惯了长寿米粉，回到重庆市区就吃不到了，我很想念。

乌江尽头
油醪糟

位于重庆市中东部的涪陵，是长江与乌江的交汇处。这里有水底碑林白鹤梁、程朱理学"点易洞"等闻名中外的名胜古迹，更有涪陵榨菜、油醪糟、涪陵挞挞面、麻柳嘴鲊肉、麻柳汤圆等众多的乡土美味。

涪陵民性豪爽、耿直热情，有客来访必办招待。办招待最简明扼要的就是一碗"开水"。那年我和母亲路过涪陵顺道去看姨妈，这是我第一次到涪陵走人户（重庆方言，意指走亲访友）。小坐一会儿，当我们临起身告辞时，姨妈递过一句话："忙啥子嘛，开水都煮好了，吃了再走嚓。"当时我心里想：涪陵人白开水也能待客，真是小气鬼。可母亲听了

这句话，马上就说："要得，吃了开水再走。"我还没"回豁"过来，表姐就递给我一碗热气腾腾、色黑油亮、清香扑鼻、香醇可口的油醪糟，醪糟里藏有一个荷包蛋。这一碗"开水"下肚，我立马口舌生津，精神为之一振，连喊"好吃、好吃，硬是安逸哦"。

在重庆民间，家庭蒸醪糟是一种习俗，与包皮蛋、腌腊肉、制咸菜、做豆腐乳一样，是居家过日子的"必修课"。醪糟能补血养颜，是妇女生小孩"坐月子"的必备食品，也是老人、小孩喜爱的间食。蒸醪糟选用的优质糯米，洗净后放在木甑子里蒸熟，加醪糟曲子（酒曲）拌均匀，倒进瓦坛，保温发酵而成。评判醪糟好坏的标准是，糟若白棉、团而不散、汁水清亮、酒香浓郁。

母亲告诉我，油醪糟早年是涪陵民间的传统食品，当地居民把自家制作的油醪糟作为馈赠亲友的礼品，互相品尝点评。制作油醪糟的水平，往往是民间衡量家庭主妇能干与否的标准之一。后来这种民间食品还被推向市场，成为流传各地的一道著名乡土美食。

据我对市场上的油醪糟的观察，这款小食的配搭比较随意，可加辅料，比如加荷包蛋的叫荷包蛋油醪糟，加鸡蛋花的叫蛋花油醪糟，加掐掐汤圆（无馅

的小汤圆）的叫汤圆油醪糟，当然更多的是不加任何辅料的油醪糟。

世间的事情就是这么怪，许多美味往往不是源于事先的精心设计，而是来自于偶然。据说在清嘉庆年间，川东地区战乱不断，有鹤游坪富绅举家到涪陵城避乱。嘉庆四年（公元1799年）春节，富绅家喜添人丁，亲朋好友来道喜凑闹热。过年家里来客，主人必办招待，何况人家是提着礼信来的，富绅吩咐下人快煮汤圆让客人"打尖"。但来客众多，主人家人手少，搓汤圆哪里来得及，家厨只好打急抓，将家里为太太"坐月子"准备的醪糟取出放锅里烧涨，打入鸡蛋，又加了些汤圆心子，煮好端上来应付来客。不料，客人们吃后赞不绝口，纷纷问这是什么东西。家厨装模作样地回答：油醪糟煮荷包蛋。从此，涪陵满城竞相效仿。

才出锅的蛋花油醪糟，其中黑芝麻、花生颗、核桃米、鸡蛋花等隐约可见，黑白黄相间，煞是可爱。这时你可千万要注意了，别让秀色可餐迷住了双眼，要知道温柔的背后总会暗藏"杀机"——油汤不出气，烫死哈（傻）女婿，如果一口猛喝下去，你的舌头是会被烫伤的。

烤羊肉

仙女山

武隆仙女山，这些年的名号是越来越响了，夏季有音乐节，可纳凉狂欢，冬季有冰雪节，看白雪皑皑。

要说浏览仙女山最好的季节，那真是各有各的说法，但我觉得每年的五月下旬至六月最好，这时候，草场上的草刚好长到盖住脚背半尺左右，嫩柔碧绿。草场上空气清新而湿润，放牧的牛羊马也稀疏可见。夏天或秋天时，草虽长高了，野花也遍地，但放牧的牛马也多了，时常能见到一坨坨的牛马粪便，蚊子也很多了。

我就是在五月底的一天傍晚到达仙女山的。还在山脚，我就看见山顶耸着几块陡峭的巨石，很像

人的模样。开车的师傅告诉我们，那是仙女峰，传说天上的仙女下凡，看上了人间的小伙子，王母就取下头上的簪子抛下，簪子变成了乌江，两人只得隔江相望，小伙子变成了白马山，仙女变成了仙女峰。

到了山上，或许是离天近了，虽然阳光灿烂，可清清爽爽的空气中透着丝丝凉意。一大片起伏的草场尽收眼底。浅浅碧绿的草地上，悠闲地散布着马群、牛群，或十来头一群，或七八头一群，领头的牛或马的颈上挂着铃，它们缓缓移动时，铃声在空寂的草场上传得远远的。我极目纵望，衔接蓝天白云的，是茂密的森林，森森树冠直指天穹，如同草原的卫士。草场上或疏或密地耸着一些高大的松柏，呈墨绿色，一簇一簇挤得紧紧的，点缀在草原上。整个仙女山草场，不同于"天苍苍野茫茫，风吹草低见牛羊"的内蒙古大草原，少了北方大草原的粗犷，多了江南的田园气，有些像英国的田园牧场，但比之更有层次。我以为，相比之下，它更像新疆的天山牧场，少的只是远处的雪山。

我们驱车将草场转了个遍时，最后一抹晚霞居然还停留在草场上。那晚霞别样的鲜红、柔嫩，斜斜地从天边落日处抹过来，教人不忍心踏碎它玫瑰般的宁静。

到仙女山，不能不吃烤全羊，这是仙女山的古朴遗风，也是当时该旅游景点着力打造的美食。

仙女山属武陵山区，多中草药。放牧的羊在吃草时，也会吃下各种中草药，吃了草药的羊精神旺盛，好动而不囤肥膘，因而其肉特别细腻鲜嫩，且更具滋补功效。

仙女山上的烤羊馆，都有自己的羊圈，里面挤满了羊。游人可以自己选择羊的大小。仙女山的烤全羊同别处不一样——在别处，厨师是不会问你的意见，直接就将调料码在羊身上，然后上炉烤制，吃的是全羊；而在仙女山，厨师会问你要不要烤一些羊肉串。在我们同意后，厨师就会剔下一些羊肉，切成片放进盆里，问我们是吃大麻大辣，还是温和一点的。得到一个肯定的回答后，厨师就开始码味。这时天已经黑了，厨师在草地上垒起的烧烤地上燃起一堆篝火，将羊呈"大"字形缚在烤架上烤，剔下的羊肉片穿在一根根长约一米的细铁签子上，放在火上烤炙，烤熟了就递给我们。望着红通通的油汪羊肉串，我先用力嗅嗅香味，然后张嘴一咬，滚烫中裹着麻辣味，麻辣味又裹着酒香味，酒香味中又涌出羊肉的鲜香味，真是美味！大伙儿吃得张嘴哈气，却舍不得放下铁签。与街上的羊肉串相比，仙女山的羊肉串因为码味时料酒放得足，烤时没有抹油加味，反而更鲜嫩，更滋润。火光吸引了不少马匹，它们三三两两跑来，围着火不肯离去。我们慢慢地喝着酒，吃着羊肉串，天南海北地扯着闲话，享受着草原的宁静夜晚，惬意而爽快。

这时，厨师手拿着两个肉团，问我们这个烤不烤？原来是公羊的睾丸。厨师解释说，有的游客要吃，有的游客不吃，所以问一下。我说："这是羊的一宝，怎么会不吃，烤！"

厨师麻利地撕去睾丸的外膜，在上面剞花刀，然后将其浸在羊肉串的码味汁里，挂上味后仍用铁签穿起烤。烤熟后的睾丸朝外翻卷着，形似两朵开放的花朵。我一把抢过来，张嘴一咬，居然又脆又嫩，鲜香无比，比羊肉还好吃！先前不吃的同行们，这时也要吃了。我叫厨师将烤好的睾丸分成几大块，一人尝一下。大家都说脆嫩好吃。我问厨师："羊鞭呢，也拿来烤吗？"

厨师回答："熬汤去了，那东西烤了嚼不动，不好吃。"

与普通羊肉串相比，这里的烤羊肉没有那般嫩，但更有嚼劲，而且越嚼越香，特别是外表一层，焦香味浓郁。待我们吃得口干时，香喷喷的羊肚、羊肝、羊心外加羊脑袋汤已熬好。吃着羊肉串，啃着烤全羊，喝着鲜羊汤，听着夜色中牛马的铃声，再抬头望着天上又大又圆的月亮，一种犹在梦中的感觉油然而生……

遗憾的是我们都不会骑马，不然租一匹马，在夜色中的草场上驰骋，该多么富有浪漫情趣呀！

格格 万州

　　行走在万州的宽街窄巷，人们随处都能看到经营"格格"的餐馆。这种极富地方特色的美食，给人的直观印象就是火热。餐馆门口就是一座大炉，炉上立着一口大锅，锅上有盖，盖上有孔，孔上面安着一格一格热气腾腾的竹编蒸笼，高高地耸立着，高的有十来个，像宝塔一般挺拔壮观，周围弥漫着炽热的蒸汽。一股股夹杂着麻辣味的香气，随着蒸汽四处飘逸，让人提心吊胆，生怕它摇晃着坠落。有客人来了，厨师手垫着帕子，拦腰端起蒸笼，敏捷地从中间取下一笼，再将其余的蒸笼放回原位。在取下的蒸笼里撒些芫荽，给客人端去。间或也见厨师将码好味的羊肉装进笼里，揭开已经很高的蒸

笼盖，将新笼放上去，再盖上盖。这时，你可能心里会嘀咕：这些蒸笼都没有记号，厨师会不会搞错，将没有蒸熟的拿给客人呢？

当然不会。所有蒸笼，哪个才放上去，哪个蒸了多久，哪些是熟了的，厨师心中都有数，了如指掌。

关于"万州格格"，还有一则趣闻：20世纪90年代初，有领导来万州考察，看见一招牌赫然写着"格格"两个大字，领导好奇，问："格格"是什么意思？同行的外地记者趋前曰：格格者，蒙古族公主也，可能是抗日战争时期流落到万州的蒙古贵族后裔在此居住……此时，陪同的当地记者忍住笑，连忙打断：不是的，"格格"是万县俗语，意即蒸笼，用蒸笼蒸羊肉就叫羊肉格格，蒸肥肠就叫肥肠格格，蒸排骨就叫排骨格格，这些统称格格，是万州独有的美食。

万州格格的招牌不少是以姓氏冠名，如"耿格格""陈格格""赖格格"等。

这个误会不能怪外地记者望字取义。任何一个外地人，初听到"格格"两字，怕是都会一头雾水，不知所以然。

最早的万州格格主要是用羊肉做为原料。万州临长江，两岸山地很多，种不了庄稼，却适合放牧山羊，这些山羊，就成了格格取之不尽的食材。

羊肉格格的做法其实很简单。羊肉洗净后沥干水分，切成条形，码入料酒、盐、辣椒面、豆瓣等调味料，拌匀后加入适量的米面（也有玉米面，或两者混合）。米面不可过细，也不可过粗，像白糖般粗细的即可，然后加高汤拌匀，使米面均匀地裹在肉上不掉，以用手捏不出水为好。做完这步，要将肉块静置一会儿，使汤汁渗透进米面，否则上锅蒸时，肉熟了而米面却是生的。蒸之前，蒸笼先垫上配料，配料一般为土豆、芋头、红苕等块茎类食材。将羊肉码在配料上面，入笼大火蒸，一般蒸十五分钟左右即熟。食时，根据客人喜好，撒上花椒面、香葱、芫荽即可。

制作格格的关键有两点，一是码肉的调料。有的餐馆长期经营格格，研制出了私家密制调料，味道同别家大不一样。二是裹面加的高汤。厨师都知道，熬汤秘诀是无鸡不鲜、无鸭不香、无肚不白、无肘不浓，怎样搭配熬制，既有秘籍也有水平。做到位了的羊肉格格，香辣爽口，醇和厚道，肉质鲜而不腻，嫩而不膻，回味悠长。

现在的万州格格，除了羊肉外，还有肥肠格格、排骨格格等，做法差不多，只因食材不同，味道略不同罢了。

走进格格餐馆，你能寻到已经渐渐消失了的河街市井文化，是随性、洒脱、无拘无束而又有些桀骜不羁的。你听，隔得老远，就有食客扯着嗓子喊："老板，来两个羊肉！"

进去落座，就有小妹儿或服务生过来热情招呼：要什么菜，喝点什么酒？你可再点些小菜，要两瓶啤酒，惬意地灌一大口啤酒，细细地品尝着麻辣鲜香的粉蒸羊肉。吃着吃着，你又会猛然间听到"啪"的一响，只见一食客将筷子拍在桌上，大声吼道："老板，你是不是欺负我哟，这个格格啷个有骨头哟？"

似是为了凑兴，另张桌上的客人也喊了起来："老板，我这个格格是不是差点火候哟，肉嚼都嚼不动。"

你可别慌，这第二位食客是老板的老熟人了。老板也开着玩笑说："学门口的大黄嘛，两个爪爪抱着嚼。"

顿时，店里传来一阵哄堂大笑。笑声中老板起身来到先前的食客面前，说："你这是排骨格格，是有骨头呀。"

众人又笑了起来。原来这位食客点了一格羊肉、一格排骨，喝了点酒，吃混淆了。

乖巧的小妹儿也挤了过来，见这位食客还有位同伴，就热情地说："大哥，你再点一格肥肠嘛，一点儿骨头都没得，好吃得很。"

食客也有些尴尬，点点头："那就再来一个肥肠嘛。"

就有老者搭话了："年轻人，不是本地人吧？"

那食客回答："也不算外地，重庆。"

"一家人，一家人。"老者频频颔首，对老板说："年轻人是从重庆来的，你可得挑蒸得炽炽的哟！"

"晓得，晓得。"老板连连应答。

于是，围绕着重庆，话题就扯开了。你说着重庆的稀奇见闻，他说着重庆的名特小食，时时爆发出哄然的笑声……

这就是万州的格格餐馆，如同茶馆一般，没有肃然与宁静，有的只是市井的无遮无拦。

这种特别的美食如天上的明星，点缀着万州的饮食文化。

诸葛烤鱼

万州

　　以前，重庆至上海、武汉、南京等地的下行船，清早从重庆发船，晚上八九点钟到达万州时，就不能再下行了，必须在万州待到凌晨四五点钟，再起锚下行。无聊的乘客都会下船，在河街逛一逛，走一走，将河街挤得满满的。那时的河街，木板房、吊脚楼鳞次栉比，各种土特产的店铺、饭铺、沿街小贩叫卖着各种各样的小吃、点心。直到凌晨，轮船启航的汽笛鸣响，河街才渐渐沉寂下来。

　　如今，这幅繁华而有些奇异的河街市井风俗画，随着三峡大坝的修建，已经沉到浩瀚的长江里了，只在老一辈万州人的心里留下难以磨灭的怀念与回忆。

万州区濒临长江三峡，扼川江咽喉，有"川东门户"之称，水路上距重庆市区 327 公里，下距湖北省宜昌市 321 公里，为川东水陆要冲，跨大巴山、巫山、七曜山和盆东平行岭谷区，地处三峡工程库区腹地，是长江十大港口之一，为重庆第二大城市。

到了万州，不能不品尝诸葛烤鱼。其实万州以前就有烤鱼。河街未淹时，就有烤鱼卖，只是那时的做法与现在不一样，只是如同烤羊肉般，是将葱、姜、蒜、辣椒、花椒、盐等同鱼先码味，然后刷上油烤，边烤边添加调料，烤熟即可食用。那时的烤鱼并不知名，只是众多小吃"花海"中的一朵小"花"。

万州烤鱼的闻名，与诸葛烤鱼的老板有关。这位老板以前在重庆的一家餐饮店工作，积累了一些管理经验，与他的舅舅商量，一起在万州开了一家烤鱼店。这位老板从小喜欢三国文化，又闻听三国的诸葛亮喜欢吃烤鱼，就将店名取为"诸葛烤鱼"。店开起后，顾客盈门，吃客排起了长队。

生意好了，就有人来寻求加盟。舅舅的意思是，只要有人愿意出加盟费，都同意。但外甥认为这样会砸掉牌子，要对加盟的店审核、考察，要进行相应的管理等。两人为此产生矛盾，最后舅舅退出合作，扬长而去。但烤鱼的秘方，掌握在舅舅手上，他的退出，意味着秘方也带走了。一开始，做外甥的不以为意，认为自己的烤鱼店已经扬名，得到顾客的认可了，不会因为没有秘方而生意清淡。

偏偏事实不是这样。客人的嘴叼得很，一下便感觉出烤鱼的味道大不如前，不再来光顾。偌大的店堂，顿时"门前冷落车马稀"，挂白板的日子比比皆有。

当外甥的这才意识到秘方的重要性，但舅舅已经云游四海，不知所踪了。为使自己的生意起死回生，当外甥的一面与店里的厨师探索、研究，剖析舅舅的秘方，一面邀请当地的一位特级厨师来指导。那厨师到店考察，目睹了店里烤鱼的制作过程，就对老板说，现在的烤鱼流程还是照以前有秘方的程序在走，可秘方没有了，这样的法子行不通了，必须全部重新研制。

一切都回到了零，但在从零开始的起步过程中，老板在挖掘民间野史时了解到，三国时诸葛亮最爱吃的烤鱼，其用料和做法与普通的烤鱼多有不同，别具特色。

老板心想，万州也是三国古地，应该有会此绝技的后人，哪怕零星懂一点儿的，积沙成塔，也是有益的。在搜集了大量三国时期民间饮食的原始资料后，老板和厨师反复试验，终获烤鱼秘方。全新的诸葛烤鱼在保持原有的烧烤基础上，借鉴了火锅形式，创立了"先烤后炖"的独特烹饪方法，即先烤鱼，再配以调料，边吃边以小火持续炖煮。

这种同时使用烧烤和火锅形式烹饪的诸葛烤鱼，由此一鸣飞天，走红了大江南北，各地跟风者如雨后春笋般冒出，但由于没有秘方，在口感上自然要逊色不少。

吃诸葛烤鱼，最好是选择 2 斤

左右的鱼（这种鱼的肉更柔嫩）。鱼宰杀后去鳞，从背部开刀，去内脏洗干净，打"一"字花刀，加秘制调料、盐、味精、料酒等，码味约 10 分钟，将鱼放到架子上烤，烤时要刷上一层油，烤至五六成熟时，再刷一次油，烤时火不要大，以免烤煳，要细火慢烤。这油是用特制调料炼过的，慢慢烤，油里的香醇味才能渗透进鱼肉里。鱼快熟时，再撒上一些孜然粉，然后将鱼取下，盛入垫有洋葱丝的不锈钢盘中备用。往盘中加汤汁及姜、蒜、豆瓣酱等调料以及芹菜节、黄瓜节等蔬菜。

这还没有完，还有最后一道工序，淋油。炒锅里放混合油，烧至五成熟时，下干红辣椒、干花椒炒香，淋在鱼上面，再撒些香葱丝、香菜、红辣椒丝，这才连火一同上桌。

一盘地地道道的诸葛烤鱼，要经过烤鱼、浇汤、淋油，最后才是煨炖食用。

吃诸葛烤鱼，是一种享受。轻轻地撕下一块鱼肉表皮，一股混着焦香的酥香直冲脑门，仿佛三国战场上飘浮的硝烟，轻盈地飘浮在你面前。再夹一块鱼肉，入口只觉肉质紧绵，又透着鲜嫩。烤鱼是通过复合烹饪制作出来的，所以越嚼越鲜香，越嚼味越足。烹饪方法就是它的独到之处。其他烹饪手法制作出来的鱼，虽也鲜嫩，但鲜嫩中有股甜腥味，而且肉质是松散的。细细地想一下，制作诸葛烤鱼的前部分，像是鱼肉松的作法，淋油又似酸菜鱼作法，最后的煨炖，则是火锅作法。可就是这"三不像"成就了一道名菜。

到万州吃烤鱼，你一定要选择正宗的诸葛烤鱼，亲自品尝一下这用独一无二的烹饪手法制作出来的鱼。

老盐坊见识 刨猪汤

老盐坊餐馆与我在万州所看到的其他餐馆相比，其经营环境显得过于简陋——在空旷的坝子上用钢架撑起一座大棚，用竹篾笆做壁，棚下边放置着木制的长方桌与板凳——这就算是客人来吃饭的地方了。当时我就想，店址地处万州主城区对岸的南滨路，这个地方属于新开发区，还没形成商业氛围，十分冷清，为什么老盐坊开店不选到人气旺的商业区，而偏要开在江对岸呢？

见到老盐坊的厨艺总监尹政先生后，我就开门见山地向他道出了心中的疑虑，尹政回答说："我们走的是一条卖特色的路子——就是以巴蜀民间的刨猪汤为特色。而卖刨猪汤，就是要远离喧嚣的市

区，不然它就没那个味道了。"

　　在巴蜀民间，每年的冬腊月间，家家户户都要杀年猪，老百姓过年的味道也从这个时候开始，变得越来越浓。在杀猪的当天，主人家往往会借机招待乡邻吃一餐饭，这餐饭便是旧时人们俗称的"吃刨猪汤""吃刨猪宴"，也有叫"吃杀猪宴"的。

　　一大早，农家的主人就挖好了土灶，安放好了大铁锅，等到烧开一大锅水以后，左右乡邻就都来帮忙了。把肥猪从圈里拖出来，它的嚎叫声引得村里的大人小孩都过来看热闹。它被几个壮汉按倒在长板凳上时，屠户手持尖刀直接刺向了其颈部——一股鲜血喷涌而出，这时主人家得赶紧用盆子把猪血接住。要知道，这猪血在农村还是有说法的，如果血接得多，则表明这户家庭来年兴旺。如果屠户刀法不好，没从猪颈处放出多少血来，那么主人家的脸上多少会显得

有些扫兴。等肥猪一命呜呼后，屠户会持刀在猪后蹄处割开一小口，用一根长长的铁钎从小口处穿入，一直沿皮穿到耳根处，再用气筒从这里打气，边打气，边用木棒翻来覆去地拍打猪身。过去乡下没有打气筒时，就得全靠屠户鼓起腮帮用竹管去吹气。等到把猪吹得腰圆腿胀时，再边用开水浇烫，边用铁刮子给它刨毛。等到把猪打整干净，众人把猪抬至屋檐下，猪头朝下用铁钩挂起来，再由屠户持刀开始剖边。这个时候，主人家便把猪血端进了灶屋，只等屠户开膛后取些"下水"出来，用其就着鲜猪血做出一桌杂七杂八的菜来。在这桌菜里边，用猪血、猪瘦肉、猪杂碎等食材一锅煮成的刨猪汤是必不可少的，其他的一些炒菜、蒸扣菜，则往往是依据当天的具体情况而定，一般在当天上桌的菜有泡椒炒猪肝、粉蒸排骨、盐菜扣肉、蒜苗炒回锅肉……

这用来招待乡邻的刨猪宴，可以说是农家人对自己劳动成果的一种分享形式，起着增进乡邻友谊的作用。这刨猪宴目前在一些偏僻的农村还能见到，但对于我们大多数人来说，它却正在一步步地远离。如今城里的一些餐饮企业，打出刨猪宴的招牌经营乡土菜品，便大大慰藉了大众舌尖上的乡愁。

说话间，一大钵刨猪汤已端上桌。刨猪汤中原料多样，吃起来是肉片、猪肝、猪血细嫩爽口，汤味鲜醇微酸，回味隽永。我问做菜的大厨，你们每天除了卖这道刨猪汤外，还卖别的菜吗？那位师傅一听我的话就指着店门口的一块招牌让我看——上面还写着乡村头碗、粉蒸肉、粉蒸排骨、粉蒸肥肠、盐菜扣肉、泡椒猪肝等乡土美味。

尹政还告诉我们，现在食客的口味多变，所以他们虽打的是"刨猪汤"的招牌，但并非只卖一道"汤"，平常还得附带一些流行的乡土菜和干锅菜式。

是呀，在城里的宾馆、酒楼吃腻了，如果能去到这种清静的地方放松心情，吃一顿农家风味的刨猪汤，那么肯定能给人带来一种别样的感受，

绿豆粉

黔江濯水古镇

到黔江濯水古镇时，正逢下雨，暮春的雨如丝如絮，在天地间扯起飘柔的水雾，古镇仿佛成了水墨画中的景物，戴望舒的《雨巷》蓦然印入我的脑际：撑着油纸伞，独自／徘徊在悠长，悠长／又寂寥的雨巷／我希望逢着／一个丁香一样的／结着愁怨的姑娘……

丁香一样的姑娘，我没有遇着，雨却停了。雨后的古镇以它的宁静、古朴，沉默地迎接着远方的客人。

濯水古镇位于黔江东南方，距黔江主城18公里，渝怀铁路、渝湘高速公路、319国道从这里交会穿过，交通极为便利。它原名"白鹤坝"，元、明时属酉

阳土司管辖。自清末起，该地便成为川东南驿道、商道、盐道的必经之路。此地商贾云集、店铺鳞次栉比，与酉阳龙潭、龚滩合称为"酉阳三大名镇"。

古镇沿阿蓬江而建。江上有一座连接两岸的风雨廊桥，系全木结构，气势恢宏，让人惊叹于古人的智慧和工艺的精湛。行走在青石板路上，两旁古朴典雅的木结构民居，大都是造型别致的吊脚楼。放眼望去，都是雕梁画栋、窗棂嵌花，也不知是出自哪些能工巧匠之手。在这里，时间仿佛停止了，没有尘世的喧哗，让人疑是身在世外桃源。

古镇上有一道美食，叫绿豆粉。将绿豆和米按比例混合，先用水泡一两天，待绿豆和米泡软了，沥干水分，用石磨细细地磨成浆。将绿豆浆盛在一专用的容器里，容器形如漏斗，下面有一个小孔。操作的人将小孔对着铁锅，一圈圈绕着铁锅走。漏斗里的浆用完，米粉在铁锅里形成一个状似蜘蛛网的线状饼；一边烙熟了，再翻过来烙另一边，然后铲起来码好。制作的要点是火不能烧得太大、锅的温度不能过高，否则就会烙煳。

这种绿豆粉的制法同土家绿豆面有些类似。土家绿豆面也是把大米加绿豆磨细，像烙饼那样，将面浆烙成饼后，再切成面条模样，下锅煮来吃。濯江古镇的绿豆粉工艺还要复杂些，是将浆水牵成丝再下锅烙。

古镇绿豆粉的吃法，同重庆的麻辣小面做法差不多。先将烙好的"蜘蛛饼"

扔进沸水里，待煮软时，粉基本上就熟了；然后锅里下些青菜叶，挑起放进打好调料的碗里，麻辣或清汤随你选择；还可以加肉末制成的臊子，这样一碗色香味俱全的绿豆粉就做好了。粉是嫩绿色，有股绿豆的清香，又因双面被烙过，口感分外有韧劲。

　　绿豆粉是濯水古镇的特产。而古镇里有不少加工这种米粉的作坊，古镇人的早餐基本都是这种绿豆粉。一说起它，古镇的人一个个神采飞扬，都说这是最好吃的东西，且出了濯水古镇，也就吃不到了。

黔江鸡杂

　　不管是谁，只要到了黔江，就不能不吃那已经在全国叫响了名头的地道黔江鸡杂。

　　对于黔江鸡杂的创立，业界还有异议。目前比较公认的说法是由长明鸡杂的老板李长明首创。李长明从 14 岁起进入饮食业，他开办的这家店也是黔江餐饮业的老牌子。从 1992 年起，该店开始卖鸡杂。起因是当时流行吃辣子鸡，剩下大量的内脏没人吃，只有店家炒来自己吃。久吃鸡杂也厌了，就变些花样。李长明在炒鸡杂时，加入了泡菜，没想到成菜酸辣鲜美。李长明就在店里推出了这道菜。后来，吃鸡杂就在黔江流传开了。

　　其实这不算创立，西南地区民间都这么吃。我

曾问过年老的厨师：为何家家户户炒鸡杂都要用泡菜。他回答说：鸡杂的腥味较重，必须用泡菜才压得住，而且也能增加咸酸鲜味。从这点上来说，李长明只是做了改良，在推广炒鸡杂的过程中添加了一些提香提味的配料，并借鉴火锅做法，起锅后不直接上桌，而用油浸着煨食，且煨食过程中可再加菜肴煨熟后食。这道不起眼的民间美食，以新的烹饪方式出现，获得了大众认可。

当然，这是个渐进过程。在这个过程中，所有经营黔江鸡杂的店老板、厨师，都参与了改进与出新。

黔江鸡杂的作法并不复杂，先将新鲜的鸡杂（鸡肠、鸡心、鸡肝、鸡胗）洗干净后切成片和节，加盐、姜片、葱段、料酒码味后，加干细豆粉拌匀（也有不加的）。另将泡姜剁碎，泡红辣椒对剖，泡酸萝卜切丝。锅里油烧到六七成熟时，下码好味的鸡杂，随后下泡姜米、泡红辣椒、姜片、大蒜、泡酸萝卜丝、青花椒等调料，炒至断生，下芹菜、青椒、笋片等配菜，一起倒入上桌用的煨锅里，撒上香菜就可上桌享用了。煨锅底层事先铺一层黄豆芽，锅下有火炉，用文火煨着，还可添加白菜、冬瓜等时令蔬菜以及菇类菜肴。边吃边烫，如同吃火锅，只不过不像火锅那样有沸腾的红汤。

黔江鸡杂味美的关键有两点。一是锅里只能用油，而且用油要多，不能加水。也正因此，不少店家自己制作了秘制香油，炼油时添加了香料，使其味更鲜美醇厚。二是原锅炒时，只能有泡菜和鸡杂，不能有芋头、土豆，以免抢了味。清李渔在《闲情偶寄》里说："煮芋不可无物伴之，盖芋之本身无味，借他物以成其味者也。"可见，黔江鸡杂是深谙此道的，如果让芋头与土豆将鲜味抢了去，鸡杂之味就逊色了。外地售卖的黔江鸡杂正不正宗，看看这两点就行了。

这样烹制出来的鸡杂，满锅红亮、香味诱人，鸡杂脆嫩鲜香，萝卜微酸爽口，辣味柔和绵长，泡椒风味突出。麻、辣、鲜、香、脆巧妙地融为一体。吃在口里味浓醇厚，吃后麻辣不燥，且具有开胃健脾、增加食欲的功效！

黔江鸡杂之所以好吃，泡酸萝卜起了关键作用，说它是整个菜肴的灵魂不为过。老字号的黔江鸡杂，都是用自家的泡酸萝卜。可以这样说，老泡菜水泡出的酸萝卜，成就了黔江鸡杂。

黔江鸡杂之所以受欢迎，还有一个原因，那就是价格不贵。三四个人点一个小锅，不过四五十元，再点两三道菜，吃下来不过六七十元。奢华一点，再点两样荤菜，也不过一百多元。

椿芽 奇观 秀山

"养儿不用教，酉秀黔彭走一遭。"这是老一辈重庆人时常挂在嘴边的话。酉秀黔彭分别指酉阳、秀山、黔江、彭水。在过去，这些地方交通不便，要把这一带走上一遭，沿途必定要餐风露宿，受很多艰辛磨难。对于孩子们来说，倘若经受住了这样的考验，他们的心智和能力就成长了。

1977 年的 5 月，我随车出发，沿这些地方走了一遭。此行的目的地是秀山，路确实难走，出涪陵就是白马山，上山 180 里，山中 180 里，下山 180 里，可见此山的险峻。沿途也多是沿着乌江，在窄窄的陡峭的公路上行驶。给我留下印象最深的是那时的武隆县城，背靠山，面乌江，中间一条碎石窄公路，

就十来幢房子散布在公路边；我还在彭水县城吃到了不用粮票的饭，浅红色，极硬，现在想来可能是用糙米做的。

临近秀山时，公路边的山坡上，不时出现漫坡的香椿树，一簇簇嫩芽生发出来，很是惹人欢喜。我们的车是能坐六人的山城牌，随车的人除采购员外，还有总务、会计和一个搭车的人。会计的姐姐在距秀山20公里的水银矿工作，当晚我们就在那儿住宿。会计提议采些椿芽，晚上当菜吃。于是我们一行人走走停停，等到了水银矿时，采了五六斤椿芽。

水银矿是个劳改场所，会计的姐夫是大队教导员，姐姐也在总场工作。当我们兴冲冲地将椿芽搬进屋时，女主人目光一扫，说："哎呀，你们扯了好多漆树芽，这是不能吃的呀！"

原来，生漆树与香椿树外表差不多，发的芽不是内行根本认不出来。女主人重新筛选一遍，挑出了三分之一的漆树芽。

香椿树在秀山很多，秀山人吃椿芽的方法也多，让我们在晚餐时开了眼界。

新鲜的椿芽切细，再打个鸡蛋在里面，搅打均匀后下锅炒，这叫椿芽炒鸡蛋，这我们在重庆吃过。将它端上桌就能闻着一股山野的清新气息，入口就觉脆嫩鲜香，诱人食欲。椿芽尖炒回锅肉，我们就没有见过了，红红的椿芽尖油汪汪的，清香扑鼻，回锅肉也沾了椿芽的气息，分外鲜香醇糯。

接着上桌的是泡菜椿芽，如同重庆的跳水泡菜，上面撒了些花椒面，淋了些红亮的辣椒油，用筷子揲一芽送进嘴里，生脆爽口，麻辣咂舌，满口盈香。

这泡椿芽极易让人吃上瘾，麻辣脆嫩中香味浓烈，越吃越想吃，越吃越麻辣，直吃得人满头大汗还不想罢嘴。好在主人家泡菜坛子里的泡椿芽多的是，吃完一碗，再抓一碗。

还有一道干椿芽蒸肉，让我们很吃惊。主人介绍说，将新鲜椿芽晾干、码盐，然后装坛密封，吃时取出来切细，同肉蒸着吃。所蒸之肉其实就是重庆所称的烧白，不同的是重庆是用干咸菜蒸，而这儿是用干椿芽蒸。真奢侈呀！在重庆城被视为春之珍品的椿芽，在秀山却用来做咸菜！不过，春之珍品做的咸菜当然好吃，而且浸透了油汁，滑润干香，干中有脆，脆中有香，吃在嘴里满口盈香。

最不可思议的一道菜，上桌时我们都只是望着，没一个人敢动筷。这菜是这样的：女主人从屋门外的一只大缸子里捞起椿芽菜。捞时女主人对我们说，这缸里的椿芽菜做法特别，是将椿芽在沸水里汆一下，然后连水带椿芽倒进大缸里，上面盖一只篼箕，篼箕上面压一块鹅卵石，水要将椿芽浸满，吃时捞起来，挤干水分切碎炒，可单炒，也可配荤菜炒。女主人捞时，我分明看见，那浸泡的水都浓稠了，散发出一股说不出的气息，似臭了的豆腐乳的味道，又似臭了的咸菜味，也有些涪陵榨菜刚码盐时的味道。

女主人见状，笑了："晓得你们怕，吃不惯，我专门用清水洗了的，尝尝，好吃得很。"说着就用筷子夹了一点，放在她弟弟碗里。会计犹豫了一阵，夹起放进嘴里，点头对我们说："好吃，可以吃。"

这菜炒时放了些干红辣椒，加了些瘦肉碎。我壮起胆子尝了尝，酸酸脆脆中裹着一股煳辣味，很是开胃，但一想到门口那只水都浓稠了的大缸，再也不敢多吃了。

翌日一早，我们就出发到了秀山县城。逛街时，我们果然发现了不少人家的门口，都放着一只大缸，缸的上面是篼箕，篼箕上面压着鹅卵石。不用说，下面浸泡的必定是椿芽了。

第三章 妙趣横生的乡情吃趣

竹 竹海吃

>>> 竹蛋

我们在 3 月底到了永川竹海，当晚就吃了一顿
丰盛的竹珍晚宴。各类竹笋、竹林里生长的菌类食
品，总共达 14 种之多。当一盘名叫竹蛋的菜肴端上
桌时，我惊异万分。生在重庆的我，从小就见识了
各类竹，也吃过各类竹产品，却怎么也想不到竹子
还会有蛋！我细细端详，那竹蛋被切成了片，外沿
呈浅黄带灰白色，中心为浅黑色，同切成片的松花
蛋几乎无异。送一片进嘴，顿觉滑软细腻，鲜香盈口，
且妙就妙在你只觉得鲜，吃了一片还想吃，却说不
出来到底是什么鲜味，也找不到形容这种鲜的词汇。
我们接连要了两盘，吃完后，我好奇地走进厨房，

想看看这竹蛋"真身"是什么样儿。可我看到的却是一盆被清水漂着的竹蛋片。厨师告诉我,成品的竹蛋现在没有,都已经切成片用水漂着以去掉它的腥涩味。见我有些失望,厨师又说:你们明天游玩,兴许能买着竹蛋,就在这个季节出,有农人挖来卖。

　　不想当晚下了一夜的大雨,第二天也没停。我们冒雨游玩,兴许是这雨的缘故,沿途竟看到不少农人在卖竹蛋!果真是蛋呵,外皮颜色似灰似棕似白,大的如鸭蛋般大,呈椭圆形,同蛋无异,小的也如乒乓球般大,呈圆形。手感是软软的,如同软壳鸡蛋,看得出是农人刚刚挖出的,表皮还沾着泥土,闻着有一股生腥味。我毫不犹豫地买了几斤,好奇地撕开一个竹蛋的外皮,内里露出黄白色的蛋肉,粉嫩嫩的,同剥开的松花蛋一模一样。我又用刀子将它一剖为二,里层为浅黑色,颜色向蛋心逐渐加深。如果不是我亲手剖开,光凭这外表,准会认为这就是松花蛋!

　　我不禁惊叹大自然之神奇,挺拔硬韧的竹竟然生出如此柔嫩的"蛋"来!一路上,我小心呵护,将竹蛋带回家。回到家,我先让家人和邻居欣赏一番这种稀罕之物,然后按照竹海厨师讲授的方法,将竹蛋剥皮、切片,下沸水中焯一下,然后用清水漂了约两个小时,下锅炒熟、勾芡、起锅,在家人专注的目光下,夹起一片入口。怪了,那软糯滑嫩的鲜香味没有了,代之的是肉质硬绵,并有一股难以下咽的腥涩味。不用说，家人没一个敢品尝了。尴尬的我认为是没有漂好，就又切了两个，焯水后用清水漂了一晚上，第二天中午再炒，味道依然如故。我怀疑那厨师并没将做这菜的秘密传与我，也没勇气再掌勺烹饪了，就将剩余的竹蛋全扔了。事后我问同我一起买竹蛋的同事，他们同我一样，都将竹蛋扔了。

但竹蛋是怎样来的，是竹子的什么产物，依然是个谜。过了很久，我才查到它是竹荪的胚体，由孢子、菌盖、外包被三部分构成，是竹荪胚胎，营养和竹荪差不多，含有较多的氨基酸、蛋白质、矿物元素和维生素等。

清代的《素食说略》中说："竹松，或作竹荪，出四川，滚水淬过，酌加盐、料酒，以高汤煨之，清脆腴美，得未曾见；或与嫩豆腐、玉兰片色白之菜同煨，不宜夹杂别物并搭馈也。"野生的竹荪贵比黄金，凡人绝难到口。看来，是由于漂洗的时间短了，我才与这珍品错失。

现在好了，当地人已经将鲜竹蛋加工成干竹蛋片，在没有鲜竹蛋的季节，游人在当地农家乐也能吃到干竹蛋片烧的肉、烧的鸡或炖的汤。市场上也有干竹蛋片卖。买回家后，吃时先用清水泡 5 分钟左右，再用清水漂洗一下，然后炖肉或炖鸡，或炒回锅肉、烧鸡鸭、烧肉都可。不管怎么做，竹蛋都软糯爽口，鲜香有滋味。最让人不可思议的是，竹蛋加工成干竹蛋片后，竟然没有一点儿腥涩味了。

>>> 竹笋

永川野生动物园刚向游客开放的那一年，我们就去了。在看完或憨态、或凶猛的动物后，我们应当地朋友之邀，驱车来到竹海深处的一座农舍落脚。

我们来这儿的目的，除了踏青赏景外，当然就是挖竹笋、吃竹笋。

竹是品志高清的象征，笋又是文人雅士推崇的佳肴。清代文人李渔在《闲情偶寄·饮馔部》中，对竹的推崇更是让后人瞠目。他曾说："论蔬食之美者，曰清，曰洁，曰芳馥，曰松脆而已矣。至于笋之一物……此蔬食中第一品也。"他称笋为"至鲜至美之物"，并进一步论述："笋为蔬食之必需，虾为荤食之必需，皆犹甘草之于药也。笋可孤行，亦可并用；虾则不能自主，必借他物为君。"李渔的这一观点与今天的烹饪常理完全相悖。现今都是将笋作为辅料，必借他物与之相烹，而虾则完完全全是君，要靠其他为臣为佐而相辅。

我来挖笋，一则是受这些文人的诱惑，不甘心老吃干笋和陈笋，想品尝鲜笋的滋味；二则也想亲自实践一下古之文人所赞誉的笋之吃法，是否真得鲜美。

彼时正是暮春季节，更兼昨夜下了一场雨，我一走进竹林，但见浓密的竹荫下，处处可见破土而出的笋。记得《随园琐记》有载："笋以不出土者为佳。遇有肥笋，则壅以土，使不出头。然宜随凿随食，不宜过夜。其汁存，则其味自鲜。"

这是说笋还未出土时，就选其胖者以土压上，使其更为肥硕，然后"就彼竹下，扫叶煨笋至熟，刀截剥食。竹林清味，鲜美无比。人世俗物，岂容此真味"。郑板桥有"未出土时先有节，凌云时也无心"的题竹诗，这里则是"未出土就煨着吃，傲视百馔独占鲜"了，并被《山家清供》谓之曰"傍林鲜"，即"夏初竹笋盛时，扫叶就竹边煨熟，其味甚鲜，名傍林鲜"。

我当然不敢"扫叶就竹边煨熟"，原因是担心酿成火灾，于是我选择了一个肥硕的竹笋，于齐出土处砍断，飞快地奔回农家，连壳投进灶膛里，用柴火煨着。竹笋在余火里"滋滋"地吹出热气，渐渐地炳软了。我估计它已经熟了后，才小心地将它取出，趁热剥开笋壳，切了一片，投进嘴细细品尝。没曾想，我尝到的并不是至鲜之味，而是浓郁的竹的腥涩苦味在唇舌间弥漫开来，我失望地连忙吐掉。看来，还是北宋黄庭坚说了实话，"甘脆惬当，小苦而及成味；盖苦而有味"。这件黄帝的新衣，被黄庭坚小心地掀开了一角，但立刻又遮严了，成了"小苦而反成味"。但不喜这小苦的人，在吃笋时，则需用沸水将笋焯后，再用清水漂洗，去其苦涩味后，烹之才有笋的鲜脆味。

正当我在胡思乱想之际，农家女子看着我们挖回的竹笋，不禁笑了："这就是你们挖的笋？这是什么笋呀！这么小！"我们不觉愕然，这都是标准的一尺左右长的笋呀。女子又说："算了，还是我去帮你们砍。"说着就取了一把菜刀，领着我们进了竹林，朝着那一米多高的竹笋先一刀砍去笋尖，然后齐土砍断，再从中一砍为二，叫我们搬。我看那笋足有碗口般粗，一截有近两尺长，大为诧异，这已成竹了，还叫笋？能吃吗？她回答，这才叫笋，好吃，当地人常年都这样吃。女子还告诉我们，只要笋壳还从底部包到笋尖，再高也是笋。

回到农舍，我剥了一截笋，那外皮已是青幽幽的，俨然是竹的色泽，可用手划了一下，触感却是嫩嫩的。这么多笋，除了炒肉烧肉外，还剩很多，我突然想起现今不少餐厅都有跳水咸菜，鲜嫩脆香，很是爽口，心想用笋做跳水竹笋应该是不错的。征得农舍主人的同意后，我将一些青幽幽的笋剥开，用洁布擦拭干净，扔进泡菜坛里。

我又记起清代顾仲的《养小录》里载，"嫩笋短大者，布拭净。每从大头挖至近尖，以饼子料肉灌满，仍切一笋肉塞好，以一箸包之，砻糠煨熟。去外箸，不剥原枝，装碗内供之，每人执一条，随剥随吃，味美而趣"。

古文说得太复杂，意思是取笋，然后从笋底到笋尖挖空，里面填饼和肉，再用笋块塞住挖的孔，用稻壳煨熟了吃。我将步骤简单化，选几节外形好的竹笋，叫农舍主人泡了点糯米，待糯米泡胀，同腊肉混合，塞进竹笋里，放锅上蒸。不一会儿，水蒸气就送来腊肉的香味和竹笋的清香。

那晚，我们吃的菜有鲜竹笋炒回锅肉、鲜竹笋炒老腊肉、鲜竹笋烧鸡、鲜竹笋蒸扣肉，还有我做的竹笋糯米腊肉。大家品尝了竹宴之后，一致认为竹笋蒸糯米腊肉最好吃。这菜既有腊肉的香味，又带着竹的清香，鲜香爽口，让人不想停口。更妙的是这么一蒸，竹笋筒居然不苦涩了，软脆适宜，别有一股清香鲜脆的风味。

第二天吃早饭的时候，我取出在咸菜坛子里泡了一夜的笋，颜色依然青幽幽的。我抓起一块塞进嘴里，脆嫩甘冽、回味悠长。我觉得笋的最好吃法，就应该是咸菜坛子泡出的跳水竹笋！可遗憾的是，农人告诉我们，这种脆嫩只能保持两天，过后就慢慢变软了。

这次挖笋，让我明白了一个道理，饮食之味不可人云亦云，要真正实践了，才能下结论。要知梨子的滋味，最好是亲自品尝一下。我还大开了眼界，晓得了"笋以不出土者为佳"并不正确，还是农家女子说得对："只要笋壳还从底部包笋尖，再高也是笋。"其实最好吃的笋，不是去挖，而是用刀砍出来的。

鱼

走，到荷花山庄吃

去

"上山看菩萨，下山赏荷花。"恐怕近一半到大足旅游的人，都有如此经历。

大足石刻以其恢弘的佛教造型，讲述着一个个佛教里的因果轮回故事，让人生出一丝沉重、压抑。若此时下山，坐车来到五公里外的荷花山庄，一定犹如从梦中醒来，此处碧叶连天、花香四溢一片，宛如人间仙境。

荷花山庄占地面积很大，栽种荷花的水塘达1000多亩。离得老远，游人就能感受到吹来的风里，有荷的清香和水的凉意。

荷花，自古以来，就是高雅、纯洁、清丽的象征。《群芳谱》中说："凡物先华而后实，独此华实齐生。

百节疏通，万窍玲珑，亭亭物华，出于淤泥而不染，花中之君子也。"

宋代叶梦得的《避暑录话》记有欧阳修的一段风流佳话，"欧阳文忠公在扬州作平山堂……公每暑时辄凌晨携客往游，遣人走邵伯取荷花千余朵，以画盆分插百许盆，与客相间，遇酒行即遣妓取一花传客，以次摘其叶，尽处则饮酒，往往侵夜载月而归"。

初看到这段文字，我心里惊疑：千朵荷花，得多大的荷塘才能采得？待我立于荷花山庄的千亩荷塘边时，心里不禁感叹人间真有此景。

我们一行三十多人，在荷花盛开的时节，来到荷花山庄。待将众人安顿好后，我对服务员说："我们这桌都是重庆人，上红汤，吃鲫鱼。"到荷花山庄吃鱼，一般都是客人自己选鱼，然后再叫服务员打理。

不一会汤锅摆上桌，炉火点燃。这时，服务员端来一只碗，里面盛着暗绿色的粉末。他挨着桌走，到每张桌前，就抓一把撒在汤里。我问是什么，他不说，只说加了汤汁更鲜美，煮的鱼更好

吃，是荷花山庄的秘制作料。

其实，荷花山庄的汤锅，除了服务员所说的秘制作料，独到之处是菜油和猪油齐用，取猪油的滋润和脂香，汤里的数片肥膘肉，就是为了保持汤的油脂香味。

不一会儿，治净的鱼就端上桌，服务员拿着夹子，为我们往锅里下鱼。我问服务员："这鲫鱼是不是荷塘里养的？"

得到肯定的回答后，我止住服务员："你不用管我们，我们自己吃多少下多少。"吃鲫鱼讲究鲜嫩，得现吃现烫，将几斤鱼一起下到锅里，煮得一塌糊涂，哪还有鲜和嫩可言。

吃到一半的时候，我连问数个服务员：那暗绿色的粉末到底是什么？终于得到了两个答案：一说是荷梗粉，一说是荷叶粉。我心想，你把荷叶、荷梗打成粉放在锅里，不如扯张新鲜荷叶下到锅里，味道不更好吗。正好，我看见前面的空地上支着架子，上面铺着席子，摊晾着一些切碎了的荷叶。我问那是做什么的？服务员说是做荷叶茶。我就去抓了一把，撒在我们锅里。顿时，汤里荡漾出一股荷叶的清香，用筷子夹起半只鲫鱼，浓郁的麻辣味中，鱼的鲜嫩浸满唇舌，鲜嫩中透出丝丝甜味，甜味中又交织着荷叶的清香，真叫人不忍心将它咽下肚去。

遗憾的是这股荷叶的清香味保持不了多久，就被麻辣味淹没了。我想，如果放在清汤锅里，可能会保持得久一些，汤的颜色可能还会变成碧绿幽幽的。

我正在遐想时，意外发生了，朋友老 J 被鱼刺卡着了，弯着腰用力咳，血都咳出来了，刺却咳不出来。大家正准备将他送到医院时，一位服务员闻讯赶来，捏着老 J 的嘴望望，就去取来工具，将老 J 抵在墙上，用夹子轻巧地将鱼刺取出。

这下老 J 再也不敢吃鱼了，对其他菜也失去了兴趣。我见他坐着无聊，就对他说："你悄悄去摘朵荷花来烫着吃，好吃极了。记着，要摘含苞欲放的那种。"

"荷花能吃？"他惊讶地问。

我点点头："我吃过。"

有一年夏天，重庆遭遇了前所未遇的干旱，我到歌乐山上的农家乐避暑。那里的一口荷塘中水全干了，荷花也开始枯萎了。我摘了两朵含苞欲放的荷花，请农家乐老板帮着将它切碎，和在面粉里加鸡蛋烙饼。饼熟了，我张嘴一咬，满嘴都是荷花的清香与荷特有的甜味，却看不到一丁点花瓣，它们全部融化成蓉泥了。

老J果然去摘了两朵荷花，在桌下悄悄将它撕开，扔进锅里。烫荷花的时间如同烫毛肚，约十来秒钟后，花瓣就煮软了，大家的筷子都伸了去。我夹了一片放进嘴里，感到很是绵软，细嚼一番，花的清香和特有的甜味出来了，混合着麻辣味，一股舒畅的感觉直冲脑门，舒服极了。大家品评一番，都觉得这荷花味道特别鲜美，再下筷时，锅里的花瓣居然都煮化了，只剩下一些残片。这情景我烙饼时已经见识过，可直到这时我才明白，荷花烫熟后会很柔，多煮一会儿就会煮化成蓉羹。老J不小心被鱼刺卡了，心里有气，又悄悄去摘了几

朵荷花。我们大饱口福之余，也对荷花的特性有所了解：含苞欲放的花瓣吃时很柔嫩，也能煮成蓉羹，但等花瓣都伸张开来，则有些粗糙，也不易煮成蓉羹了。

北宋陶谷在《清异录》中，曾记载食荷花的故事："郭进家能作莲花饼馅，有十五隔者，每隔有一折枝莲花，作十五色，自云周世宗有故宫婢流落，因受顾于家，婢言宫中人号'莲押班'。"

这段说的是用莲花作饼馅，是后周皇宫里的吃法。后周灭亡后，皇宫里一个婢女流落在外，被郭家收留，此馔即传出。古人记载的吃法单一，荷花山庄则举一反三，开发出这么多以荷为主的菜肴，令人赞叹之余，不禁使人对荷的美味更加向往了。

吃完了，我们同服务员聊着闲话。这时，我见有人在收刚才摊晾的碎荷叶，就问起荷叶如何制茶。

原来，这也是荷花山庄开发的系列产品之一——荷叶茶。其做法也简单，工人们下到塘里，选荷叶刚好舒展如盖、圆润完整者采之；采摘下来的荷叶，用湿毛巾细心擦拭干净，先用刀切成宽五厘米左右的长条，然后再将长条叠起来切成细条，晾晒一阵后就送去加工。跟我聊的服务员也不知是怎样加工的。但我想，根据制茶的技术，这荷叶要么在铁锅里翻炒杀青，然后晾干搓揉成荷叶茶；要么用蒸笼在旺火中蒸几分钟，目的同于杀青，然后出笼摊晾，用手或机械搓揉成茶的形状，晾干即成。

回家后，我也寻了些荷叶，照着制作，杀青搓揉后，我懒得慢慢晾晒，直接将荷叶放进微波炉烘干。冲泡之后，我发觉这茶虽烘得有些焦了，沏出的茶反倒多了一股独特的焦香味。

荣昌 铺盖面

　　日前，我到荣昌公干，看见铺盖面招牌，突然产生了一股久违的食欲，但大街小巷上铺盖面店比比皆是，究竟谁家的味道最好呢？我打电话问了当地朋友，于是按照指点，沿街踱步来到"兰氏铺盖面"。

　　坐定之后，我冲店家喊道："老板，扯一碗铺盖面！要红烧牛肉的哈。"

　　店内师傅应声挥动双手，施展太极功夫一样推揉一番后，一个富有弹性的面团便出现在他的手中。随后上下左右一扯一拉，再一扯即成薄大均匀的面块，然后手一扬便把面块甩入开水锅中，一两分钟后就捞起。服务小妹端上面来，但见绛红的

汤汁中浮着薄如纸张的面皮，大概有四五块，色呈鹅黄，状如铺盖，牛肉臊子用肋条、筋腱烧成，上面撒有秀嫩翠绿的芫荽，令人眼睛一亮。我挑面入口，那面柔中含韧，入口滑顺，牛肉炣糯质肥，味浓鲜醇，面香、肉香、料香、豌豆香、葱香、芫荽香，香如泉涌。其妙处还不仅在此，一般的牛肉面有一忌，那就是面是面，汤是汤，两者分离，面不挂味，汤上虽浮一层红油，底下却是一碗白汤。此面却大大不同，汤面合一，汁浓味厚，带出一股浑然天成的香。而且牛肉烧得恰如其分，韧不欺牙，烂不失型，即使牙弱的老年人，亦能尽享其美。

吃着吃着，我突然对面条在远古时为什么叫"汤饼""不托"，有了实际感受：面条在晋朝时叫"汤饼""汤玉"，在唐时叫"不托"，那是因为最初人们把面团做成饼状，即下入锅内，故叫"汤饼"；汤饼的原料是白面，故又称"汤玉"。程大昌的《演繁露》中曾解释说："古之汤饼皆手持而擘置汤中，后世改用刀儿，乃名不托，言不以掌托。"

"铺盖面"与"汤饼""不托"的做法极相似。将精调面粉揉成面筋团，扯出一张薄如纸张的面皮，放入筒子骨汤锅中煮熟，捞起后放入用粑豌豆垫底的碗中，加面臊，再撒上一些葱花和调料。

荣昌"铺盖面"的由来颇具传奇色彩。早在 20 世纪初，荣昌人陈有权既在昌元镇街边卖面块。他制作的面块薄而均匀，大而不烂，在乳白的筒子骨汤中

煮熟入味后，以豌豆打底，加杂酱，再放上切节的油条。因碗中的油条形似鸡头，当时叫"鸡婆头"。

1933 年，15 岁的安岳人兰海云为逃避抓壮丁来到荣昌县。陈师傅见兰氏无依无靠，又聪明勤快，就收他为徒弟。兰海云的手艺日渐熟练，三年学成出师后，另起炉灶，自做自卖。后来，他又在敖家巷开了面馆，生意不错。1956 年公私合营时，兰氏的面馆并入合作食店。

1982 年，兰海云承包了那个原本属于自己的面馆。又根据人们饮食习惯的变化，他在面中减去了油条节，依据面块"大、薄，呈长方形，似铺盖"的特点，将此品更名为"铺盖面"，打出"兰氏铺盖面"的招牌。兰老师傅辞世后，他的四个子女传承了其技艺，分别在成都、内江、乐至、荣昌四地开店经营。

兰海云的内弟林昌元，过去也做过铺盖面，后来回到荣昌梅石坝的农村老家。几年前他重操"铺盖面"旧业，生意做得红火。林昌元把手艺传给他的亲戚，这些亲戚又传给他们的亲戚，之后分别到重庆、成都、达州、武汉、十堰等地发展。在经营中，他们在传统制作技艺基础上发展创新：在用猪大腿骨熬汤的基础上，增加鸡和海鲜同煨，使底汤更香更鲜；臊子除保留原来用的豌豆、炸酱外，增加了红烧肥肠、红烧牛肉、红烧羊肉、清炖肚条等。现在，仅梅石坝村就有 200 多人在外做"铺盖面"，一年给村里挣回 100 多万元，占全村经济收入的四分之一，许多人家也因此修起了新房。梅石坝村也成了"铺盖面富裕村"，林昌元成了当地"奔小康的带头人"。

"兰氏铺盖面"不仅深受本地人喜欢，北京、重庆、成都等地的人士也有慕名前来品尝的。

腊肉

城口菜板

渝邻高速公路通车后，一下子拉近了重庆主城与城口县的距离，我与几位驴友相约去城口看红叶，游界梁。不曾想，车子在途中抛锚，我们一行人到达城口地界时已是傍晚。近日西伯利亚冷空气南下，这里又是重庆的最北端，我们一下车就感受到了扎扎实实的寒冷。我们去了一家森林酒店（城口县的农家乐都叫森林酒店），一中年汉子迎了上来，领着我们来到一间有火塘的房间。一进门，我们感到了温暖，也被头顶蔚为壮观的排列整齐的腊肉所震撼。

火塘是过去城口高山农家生活中颇有特色的传统灶具。当地人在屋内地上挖一四方形浅坑，坑中

燃烧着大块劈柴，坑边摆上矮条凳。火塘里一年四季烟火不灭，中间放有铸铁三脚架，架上置一铸铁鼎锅，称之为"地锅"（有的地方火塘上吊着一口铸铁鼎锅，称之为"吊锅"），火塘上方的屋梁挂满腊肉、野味。平日，火塘屋是山民的起居室，家里来了客人，火塘屋便是农家的会客厅和用餐厅。

交谈中，得知中年汉子是该店的老板。我们还没坐下，就高叫"老板，快快安排吃的"。

宋老板从火塘上边的屋梁上取下一块腊肉，洗干净，直接放在火塘中的鼎锅里炖煮，然后说："来城口，是一定要吃菜板腊肉，另外再给你们做一个石锅腊排烧鸡、一个腊肉炒洋芋粑、一个腊蹄炖萝卜、一个渣豆腐。"

什么？吃"菜板腊肉"，某种浓烈的香味渐渐从我的记忆深处飘出了。

那年年三十，家里准备团年饭，母亲把一块带骨腊肉放在锅里，煮好后，放在菜板上还没有开切，整个厨房就飘满了浓浓的腊香味。"菜板上切腊肉，有肥又有瘦，你吃肥，我吃瘦，他来啃骨头……"我们姐弟几人围着菜板唱啊跳啊。母亲剔下腊肉上的骨头，把腊肉切成片，先分给我们每人一片。我一片肉吃完了，还不愿离去，外婆见状笑着说："小馋猫，就你'守嘴'，晚上团年时让你吃个够。"说完递给我一块腊肉骨头，我高兴得不得了，把那巴在骨头上的肉，一丝一丝地撕下来放在嘴里，慢慢品着那味儿。一会儿，肉撕完了，骨头我还舍不得丢，又慢慢吮吸。这腊肉骨头胜过鸡肋，虽无肉，但奇香无比。

后来我把骨头扔掉了，可还是把十个指头吮吸了好久好久，还一边吮一边想，当年的曹阿瞒啃鸡肋会不会也吮指头呢？

城口的老腊肉近年在重庆 "出尽了风头"，一提起老腊肉，人们就自然会想起：向北向北有一城口县。

腊肉当是要在腊月里腌制。城口的腊月天寒地冻，做出的腊肉可以经年不坏。农村的肥猪一般是在腊月出栏，猪源也丰富。这时农家就选择那种肉皮薄、肉质好的 "地油子" 土猪为原料腌制腊肉，少则几十斤，多则一头整猪。猪头、前胛、后腿、排骨、蹄髈，分门别类切成两三斤重的条块，搓上用杜仲、细辛、白芷、天麻、精盐、花椒、白酒等制成的腌料，放在大缸中，压上石块。三五天后，当肉块均匀浸透腌料后，将肉取出，用棕叶、麻绳把它们穿好，挂在通风处晾干水分后取回，例如挂在火塘上方或灶台上方。农家烤火、烧饭、炒菜是以木柴为燃料，其中的松柏枝等含芳香物质的木柴，在燃烧过程中产生的青烟慢慢

上升，缭绕在肉块上。日积月累，肉块不仅变干，还变得黑黄红亮，柴火的独特香味也会渗透到腊肉的内部了。

在城口，腊肉有五花八门的吃法：猪头可用来下酒，拱嘴和耳朵也是"酒罐"们的最爱；坐臀肉的瘦肉多，加蒜薹炒年糕味道最好；前胛肉有肥有瘦，肉质松软，可蒸可煮，是菜板腊肉的首选；排骨烧鸡块，加笋子、洋芋果是原生态的吃法；蹄髈用来炖萝卜，汤浓鲜而醇厚，萝卜温润如玉；至于腊肉烧白菜、腊肉糯米饭、腊肉绿豆汤，味道也相当不错。

大家围着火塘而坐，喝着茶，海阔天空地闲聊。面前的鼎锅时时飘来浓香，不禁让我有了口舌生津的感觉。个把钟头后，腊肉煮好了，宋老板把腊肉捞出拿进厨房。

我再也坐不住了，寻味来到厨房。

厨房里十分繁忙。只见宋老板嘴里念念有词，一手按着腊肉，一手拿着菜刀。一刀一刀下去，切下来了一片一片半个巴掌大的肉。没等他切完，我已顾不上斯文，伸手从菜板上拿起一片热热的腊肉，大嚼起来，那咸鲜腊香的味道恰如预期中的一样可口，肥肉透亮，状若琼脂，口感香润；肉皮颇有弹性，但不绵韧；瘦肉暗红发亮，纤维酥嫩，咸淡适中。浓郁的腊香和特殊的烟香在味蕾上绽放，让我欲罢不能，一块肉吃完，又接连"整"了两块。宋老板见我一副嘴角流油的馋嘴相，开心地笑了。

后来的几天，我们在城口的酒楼、餐厅也吃过菜板腊肉。腊肉放在盘中、碗里，尽管味道也不错，但感觉没有直接从菜板上用手抓起来吃的那样香，可能是缺少了守着菜板等腊肉、吞口水那样的闲情逸趣吧。

菜板腊肉究竟"香"在哪里呢？

我以为，菜板腊肉应该"香"在热字上。酒楼里，煮熟的腊肉切好，装在盘里上桌已经冷了，那味道和刚出锅现切现吃的完全是两样。

菜板腊肉还"香"在随意上，"香"在一种浓浓的乡情氛围中。

第四章

梦萦情牵的

「美味岁月」

茶泡饭

好吃不过

老重庆人有句口头禅："好吃不过茶泡饭，好看不过素打扮。"

这是那个年代，大多数重庆人真实的生活。

茶泡饭原本是上不了桌面的，是下力人为填饱肚子匆忙而吃的饮食。

重庆城有长江、嘉陵江流过。两江多码头，嘉陵江上的大码头有磁器口、临江门、千厮门，长江上的大码头有朝天门、望龙门、储奇门等。那时公路不多，这些码头自重庆开埠以来，承担着重庆大量的货运进出。

码头多，依赖码头讨生活的下力人也多。"嗨哟嗨哟"吼着号子忙了一上午的下力人，敞着怀擦

着汗，拍着早饿得"咕咕"叫的肚子，走进码头边的小饭馆，高喊一声"老板，来碗干饭！"

"王老五呀，你看都啥时辰了，饭都卖'煞搁'（完）了，我看看甑壁上还刮不刮得到一碗。"

老板说着，取一只大碗，手拿着木饭勺，在饭甑子里敲敲刮刮，还真刮出了一大碗饭。老板将饭递到王老五手里："都冷了，茶壶头有热茶。"

王老五边接过饭边说："你'默倒'（以为）我不想早点来，今天活多，脑壳都饿昏了。"话音未落，王老五起身走向柜台，那儿搁着一只大瓦壶，里面泡着老荫茶。王老五将热茶冲到饭里，转回桌时，老板已将一碟咸菜摆在桌上。咸菜是青菜疙瘩，切成小块，白中泛青，淋了点油辣子，红红的盖在上面。王老五用筷子夹起一块咸菜，嚼得"喳喳"直响，又低头飞快地扒起饭来。少顷，一大碗茶泡饭被吃得精光，一碟咸菜也被吃得精光，王老五抹抹嘴，将饭钱拍在桌上吃饭，然后拎着杠子又快步朝码头走去。

这画面，在各个码头上天天出现，也在抬滑竿的轿夫聚集地天天出现，所不同的是咸菜的种类，有的是泡豇豆或泡萝卜，有的是泡青菜或泡辣椒，没有咸菜的，就舀一小勺豆瓣淋在饭上。

这吃法快捷、简单，那时节不少人家都穷，家里没有大鱼大肉吃，就连简单的炒菜也难得吃上一次，这种简单的吃法就被广大民众接受了。那时节重庆人家里，都有一只大瓦壶，夏天一早起来，就泡上一壶茶，茶叶就是老荫茶或苦丁茶。家中成员若错过了时辰，回家时家人已吃过饭了，就拿着一只碗，自己到甑子里舀一碗饭，再到泡菜坛子里抓一些泡豇豆、泡海椒或泡姜，拖过茶壶倒些茶水到饭里，就"稀里哗啦"吃起来。有时，茶壶里的茶是凉的，吃的人也不在乎，饭凉肚皮热嘛。加了茶水的饭，滑爽好吞，一忽儿饭菜全下肚，这一顿就对付过去了。

而有些人家，在夏天时，干脆一早就把一天的饭全煮了。早餐是一大盆稀饭，全家人"呼啦啦"就着咸菜吃。中餐、晚餐都在甑子里，吃时，抓一大碗泡咸菜，一人舀一大碗干饭，倒入茶水，夹一撮咸菜，端着饭碗就出门了。一边吃还一边这家串串、那家问问："吃饭了哟，你家是啥子菜哟，噫，豆腐乳，我尝尝。"

不一会儿，一条巷子的人都端着饭碗出来了，或蹲在自家门口吃，或几个人凑在一起吃，边吃边聊着每天都聊的闲话，或者争论着是老荫茶泡饭好吃，还是苦丁茶泡饭好吃，也有人不时将筷子伸到别人碗里，品尝别人家的咸菜，当然，自己碗里的咸菜，也要被人家品尝。

重庆人幽默，将这清苦的吃法冠以美名："好吃不过茶泡饭。"

其实，重庆人也知道，真正好吃的，并不是茶泡饭。如果让重庆人选择，肯定选择的是"好吃不过鸡汤饭"。吃茶泡饭的日子，直到改革开放以后，才慢慢结束。

年夜饭里的猪脑壳

　　临近年三十，年的味道越来越浓了，我走在大街上，时不时能闻到弥漫在空气里的腊香味。离家远行的游子回来了，扛着大包小包的年货。

　　在民间，年夜饭早在过了冬至，就开始准备了。一般家庭都要去买一个猪脑壳（猪头），将花椒同盐炒香后，用手搓揉着码在猪脑壳上。码了味的猪脑壳在盆里放个两三天，就提起来，先挂在外面吹两天，然后挂在灶台上方，让柴烟和灶台的热量将它慢慢风干，它就会成为腊香味十足的年夜饭美味了。若是自家杀了年猪，不需买猪脑壳了，主人家也会将猪脑壳同着猪肉，码盐后，挂在灶台上方，任其烟熏火燎。

　　到了大年三十这一天，午饭过后，一家人就开始忙碌起来。猪头取下来，用淘米水浸泡一阵，又被仔细清洗干净，然后割下猪耳朵、猪拱嘴，上笼蒸熟，切成薄片，码在碗里，就成了一菜。其余的猪脑壳，下锅掺水煮，煮至一半熟时，将切成厚厚的大块白萝卜，同猪脑壳一起煮。锅大的，煮一锅萝卜，能吃到正月十五。

　　萝卜炽了，猪脑壳也煮熟了，主人家就将猪脑壳捞出锅，在菜板上摊凉后，抠出猪眼睛，切成薄片，摆在用盐码好了味的白萝卜丝、胡萝卜丝上，再撒一些切成节的香菜，又成一菜。

　　主妇握着刀，将猪脑壳肉从骨头上剥离下来，摊在菜板上，又一刀一刀地切成薄片。这时，孩子们就会围拢来，眼巴巴地望着菜板上的猪头肉。若在平时，做母亲的肯定会赶走贪嘴的孩子，总共才这么点肉，在菜板上就吃了，上桌的就少了。但这是过春节，肉比平时多，母亲就用手抓起猪头肉片，一个孩子嘴里喂一片，孩子们这才哄地散出去玩了。切成片的猪头肉，同花菜、蒜苗或者芹菜炒，一道腊香味十足的炒猪脑壳就做好了。

　　当然年夜饭里的菜不止这些，上桌的还有炒肉丝、麻婆豆腐、豆干炒芹菜，或者一碗咸菜蒸烧白、糯米喜沙肉。

　　所有的菜摆上桌后，主人就会摆上碗筷，摆上酒杯，点上香烛，酒杯里斟满酒，桌前烧着纸钱，虔诚地叩拜祖先，而后，撤了香烛纸钱灰，一家人热热闹闹地吃起年夜饭来。

古人祭祖，是要用猪头的，用肉显得不庄重，不虔诚。这一习俗传了下来，在吃肉困难的日子里，一个猪头，既隆重地祭了祖，全家人又能饱口福，因而特别受家庭主妇的欢迎。

那时节，吃肉要凭肉票，城市人口，一人一月是一斤肉，过春节时每人增加一斤。春节桌上的这些腊肉，都是平时少吃或不吃肉积攒下来的。普通家庭，一年当中只有在年三十的年夜饭上才能敞开吃肉。

孩子们想着出去玩，仍像平时一样，飞快地扒着饭，拈着菜。这时，过年才有酒喝的父亲就会瞪一眼孩子，做母亲的会笑着说：慢慢吃，别呛着了，年夜饭要吃得越慢、吃得越久才好。

这也是习俗，年夜饭吃得越久，表示全家一年都有饭吃，有衣穿。

现在的年夜饭，菜肴的品种和质量早超过那时，猪脑壳也被淘汰下餐桌了，祭祖也不用放在年三十，而是清明节扫墓时一并做了。但不知怎的，我看着满桌的菜肴，最怀念的，却是以前年三十的猪脑壳。虽然这一切，可以重复，也依旧可以买一个猪脑壳，照儿时看到的那样做，但时过境迁，人的心境不一样了，企盼也不一样了。

我想，还是把这回忆，埋在心底，让它成为珍贵的记忆吧。

难忘 蚕蛹 香

以前，古镇磁器口旁边有家丝纺厂，缫丝女工站在盛满沸水的小铝锅前。锅里跳跃着煮得炰软的蚕茧。女工们用一把小扫帚在锅里搅拌一阵，提起扫帚，茧表面的丝就缠在上面了。她们又仔细理出茧上的丝头，将它连接到面前转动的架子上，随着架上雪白丝线不断增厚，蚕茧逐渐变薄，最后成了一颗颗褐色的蚕蛹。女工们会将蚕蛹捞出，放进旁边的桶里，又开始新一轮操作。

缫丝后剩下的蚕蛹，是可以食用的，丝纺厂也常将蚕蛹卖给职工。职工将其买回家后，大致会有两种操作：一种是做菜，先将蚕蛹用清水漂洗，然后入锅加清水煮，除去蛹里的碱味。因为厂里在煮

蚕茧时，要加入烧碱。水沸后煮五六分钟，将蚕蛹捞出，沥干水分，又将其放入铁锅中用小火慢慢焙干水分。焙好的蚕蛹从锅里盛出，锅里再下菜油，烧至五六成熟时，下蚕蛹、姜粒、辣椒面、花椒面，起锅时淋一点酱油，撒一把葱花即成。另一种是将蚕蛹作为主食，在煮蚕蛹时撒一把盐，再放些花椒粒、姜块，奢侈的再加一些八角、茴香、山柰、糖精等调料，煮入味后当饭吃。在困难时期，不少家庭常常是以一碗蚕蛹、一碗野菜汤当一顿。

丝纺厂的食堂里，也常有蚕蛹做的菜。我记得当时丝纺厂食堂还将蚕蛹做成蚕蛹酱油，比一般的酱油浓，有一股特殊的浓郁芳香，比其他种类酱油都好吃。

也有不花钱就能得到的蚕蛹。缫丝的水要定时排放，顺着排水沟流进嘉陵江，水流里会夹带很多蚕蛹。不少人用麻绳织成网，用粗粗的铁丝撑着，往排水沟里一拦，就能网住很多蚕蛹。在古镇，吃蚕蛹的人是很多的。也有生意人，将蚕蛹炒香，一包一包地出售。

吃过蚕蛹的人都知道，偶尔嚼到一只蛹，竟喳喳脆响，那便是雌蚕蛹，里面堆满了又香又脆的卵。小孩子们常将这些雌性蚕蛹挑出来，向小伙伴炫耀：

"看，全是母的，好多蛋。"说着拈起一只，潇洒地投进嘴里，夸张地大嚼起来，满嘴都是喳喳声。

马上就有一个小伙伴不服气地摊开手掌："看，我的'牛肉干'！"原来，他手上摊的是蚕还未完全变成蛹时的形状，这叫虫蛹，很硬，耐嚼，也很香。

"看看我的是啥子！"又一只小手摊到众人面前时，所有的小伙伴都傻眼了，那手上摊着的竟是蛾蛹！这是蛹快变成蛾时的形状，是最为酥香的极品，也最难寻到。

那时，古镇上的小孩常这样斗吃蚕蛹，一般是先斗，然后再互相交换着吃，最后交流、品评哪种蚕蛹好吃。

中医认为，蚕蛹性平味甘，具有祛风、健脾、止消渴、镇惊安神、益精助阳等功效。《备急千金要方》说它"益精气，强男子阳道，治泄精"。《本草纲目》记载："为末饮服，治小儿疳瘦，长肌，退热，除蛔虫；煎汁饮，止消渴。"现代医学也证明，蚕蛹富含蛋白质、脂肪油，其主要营养成分是不饱和脂肪酸、卵磷脂等。常食蚕蛹，可以提高人体免疫功能，延缓人体机能的衰老。

儿时艰难岁月里斗吃蚕蛹的童趣，留给我的印象太深了，在脑海里挥之不去。好在现在，在磁器口古镇上有了卖蚕蛹的摊点，烹制的方法与我儿时吃的基本无异，但调料多了些，厨师的手艺也比那时强多了，烹制出来的蚕蛹，香喷喷的挺惹人食欲。我买上一份尝了下，那麻麻辣辣的香味直冲脑门，与儿时吃蚕蛹的记忆一起涌上心头。

幸福的糖米团

　　烧饼、糍粑块、黄糕粑、发糕……这些重庆曾经的主打早点，已经在越来越快的都市生活节奏中被人淡忘。糯米团，这种元老级别的早点，现如今在酒楼、食店也不再售卖，只偶尔在一些街边巷口的小摊上可以寻得踪影。但这些消失了或快要消失的早点，背后所承载的记忆，对我这样的过来人却是刻骨铭心的。

　　重庆晨报作了一次"寻找记忆中的早餐"专题采访。我们先来看看关于糯米团的故事。

　　——许多人认为，重庆人的一天是从小面开始的。事实上，还有一部分人是从一个小小的糯米团

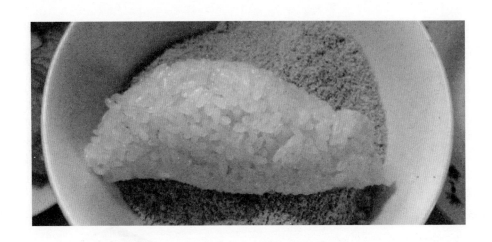

开始的。

《重庆晨报》的记者被记忆中的重庆早餐勾起了回忆，于是，我们决定，找寻记忆中的糯米团。

功夫不负有心人，我们在渝中区春森路找到了这家闻名多时的早点摊，而糯米团正是其"主打产品"。

今年，范敏华 43 岁，她的早点摊已经有七个年头。当记者问起她还要做多久时，她笑了笑："六年吧，那时候女儿大学也就毕业了。"

由于"货真价实"，她的糯米团逐渐远近闻名。范敏华告诉记者，生意最好的时候是周末，江北等地的人们都会到她那儿买糯米团，"不到中午就卖光了"。

从早上站到中午，范敏华的腰一直没直起来。几个小时，由于总有人来买糯米团，范敏华几乎没有挪动过一点脚步。

范敏华很清楚，这样的劳作，对她来说是一种透支。她说，自己身体很好，除了迎接卫生检查以外，几年来她几乎没有一天停止摆过摊。

这个小小的生意有这么大的魅力么？

"5000？""没有。""4000？""没有。""3000 总有吧？""只有

2000多，跟在外打工差不多。"与范敏华的对话，才让记者了解到，看似每日上百个的销售量，却只有如此薄利。

范敏华表示，每个糯米团的纯利最后算下来只有不到5毛钱。2005年摆摊时，一个糯米团5毛起，随着物价上涨，2007年涨到1元起，接下来的几年里，卖到了2元一个。

不过，尽管利薄，范敏华却依然很乐观。她说，至少每天能够看到钱进钱出，也不会为每日的销售发愁。而更让她坚持下去的是正在读高一的女儿每个月、每学期、每年的一笔笔费用。

范敏华笑着说，这里就是做熟客生意。大家边吃早餐边闲话家常，觉得很开心。"春节前，有人买了十几个糯米团打包上飞机，回济南过年。成都的几位熟客每次驾车来都会带上二三十个回去。到了周末，渝北啊、南坪的顾客还会开车过来吃早餐。……"

这篇采访引发了很多市民对糯米团的怀念。

当年，重庆市民的早餐是比较单调的，多数家庭是自炊自食。烧饼、油条、馒头、糯米团被称为早点中的"四大金刚"。那时，我们这些快乐的单身汉喜欢睡懒觉，每天起床做早饭是件很让人厌倦痛苦的事，特别是在寒冬腊月，更不愿早早地爬出热和的铺盖窝，往往是上班的时间快到了才冲出家门。为节省时间，我总会买一个糯米团边跑边啃。

我家楼下是一排卖早点的食店，从包子、油条、小面到烧饼、糍粑块都有，但糯米团的生意最好。

制作糯米团的师傅，先将一张直径30公分大小的洁净白布在清水里浸湿，然后用饭瓢从甑子里舀出一瓢糯米饭，摊铺在白布上，用手将其按平，随后，用小瓢羹分别舀些白糖与黄豆面均匀地铺在糯米饭上，再从一旁的筲箕里挑选两节炸成金黄酥脆的油条放在白糖、黄豆面上。待加好这些配料后，他轻轻地将白布卷成卷，然后抓住布卷的两端用力拧几秒钟。最后，一个大橄榄状的糯米团就做好了。包一个糯米团，大约就是一两分钟的时间，糯米团比拳头略小，足以填饱肚皮。糯米团作为我的首选早点，图的就是它省事方便。

久而久之，我与糯米团结下了不解之缘。吃一个糯米团，就感到幸福的一天开始了，几天不吃就会若有所失。

糯米团大约在 20 世纪 30 年代在重庆出现，到了六七十年代成为了重庆早点市场的主打品种之一。糯米团是何人发明的呢？我无暇考证，但可以肯定它是我们重庆土生土长的。在糯米团风行的年代，它的确是解馋充饥的好东西。时下，或许是因为现代人有太多更精美的早点可以选择，或许是麻辣小面太强势，盛名掩盖了这个老重庆的美味记忆。但在物质生活匮乏的年代，有这样一坨外软糯、内酥香、粘乎乎、热烙烙的东西捏在手里，一边急匆匆地赶路，一边大口大口地吃着，是何等的幸福。

直到今天，我只要看见糯米团，就感到特别亲切，无论如何都要买上一个解解馋。

之恋 油茶

　　晨光熹微，浓雾弥漫，打着哈欠的伙计懒洋洋地掀开了临街的铺面。挑着担子，或提着篮子的小商贩们，急匆匆朝着码头赶去。浓雾罩着的江面上，轮船的灯火若隐若现。搭在水面的浮桥上，嘈嘈杂杂的乘客正拥挤着登船。

　　突然，浓雾中传来一声嘹亮的吆喝："油茶——盐茶鸡蛋！"

　　随着吆喝声，浓雾中晃悠出一个挑着担子、步履蹒跚的小贩。

　　嘈杂拥挤的上船人流中，不少人脚步迟滞了，随即迎向了小贩。

　　这便是在老重庆人的记忆中，发生在朝天门码

头上的一幕。

这一幕，同样发生在火车站、汽车站，以及每一个出行的口子上。远离家乡的游子，在临行前，喝一碗家乡热乎乎的油茶，将对家的牵挂揣进心窝，或买几个滚烫的盐茶鸡蛋，把对家乡的思念牢牢地捧在怀里。

穿行于吊脚楼、窄街小巷的小贩，起得就没有那么早了。他们会在家庭主妇们挎着篮子，准备上菜市之时，才吆喝起来："油茶——热烙的哟！"

这吆喝声与码头的略有不同，因为挑担里没有盐茶鸡蛋，居家过日子的人是不吃那个的。

儿时的我，在担子还隔着老远时，就会同小伙伴们一起雀跃着跑过去，围着挑担蹦着、跳着，扯着尖尖的嗓子帮着吆喝："吃油茶哟！吃油茶哟！"

行至自家门前，就会跑到站在门前的婆婆或母亲身旁，扯着衣角、扭着身子、仰着脸、眼巴巴地望着。婆婆或者母亲就会笑着拍拍我的脑袋："小馋猫，又馋嘴了，去吃一碗油茶吧。"

我一跳就窜到小贩挑担前。小贩这时已满脸是笑地放下担子，揭开一只担子，里面是一只木桶，掀开，里面是冒着热气的白白的面糊糊。他又拿出一只碗，将面糊糊舀在碗里，然后以极快的手法放调料，放完后，用一柄窄窄的木片儿搅拌，白白的面糊儿就变成黄黄的了，再抓一撮油炸过的碎面条儿堆在上面，双手递到我面前。这时，我就会说："再加点儿。"

"好的，再加点儿。"小贩乐呵呵地笑着，又拣起一根碎面条儿，放在我的碗上。

我便满足了，端起碗，在小伙伴们羡慕的目光下，用小勺搅拌一下，美美地吸进一口。米之糯香，面之酥脆，榨菜碎之醇香，黄豆之脆香，和着麻辣味儿，满口盈香。

这香味儿，伴随着我的童年，穿越了年代，长久地留在我的心里。

随着我一天天长大，油茶在重庆消失了，随同消失的还有不少重庆的乡土小吃。吃惯了这些小吃的老重庆人尽管不习惯，总觉得生活里缺少点什么，但也只得无可奈何地接受这一现实，只是在摆龙门阵时，作为一种回忆，向年轻人说起。

不知从什么时候起，油茶这一令老重庆人怀念的小吃，如雨后春笋般涌现在重庆的大街小巷、车站码头。我所居住的小区大门外的车站边，每天清晨的油茶摊子就不下七八家。与过去不同的是售卖方式变了，小贩不再挑担，而是用小推车，盛油茶的碗，也换成了一次性的方便纸盒，勺子也换成了一次性的塑料小勺。可不变的是它的原料、做法和味道。

当我再一次看见油茶小推车时，童年的记忆被瞬间打开。我迫不及待地买了一碗。看着小贩熟练的操作过程，我依稀回忆起青石板路上，那扯声吆喝的小贩的忙碌身影。

油茶是大米同着少部分糯米用水泡软，磨细后下锅调成的米糊糊。在清晨吃热乎乎的米糊糊，本身就很养胃养人。小贩又在热热的米糊糊上加了重庆人喜爱的香辣调料——盐、味精、花椒粉、胡椒粉、油辣子海椒、葱花、油炸黄豆、榨菜粒、香菜等，搅拌均匀，再撒一撮油炸的碎面条。它真可以让吃的人精神振奋、大呼过瘾。

久违的油茶回来了，重庆人的小吃园地里，又复开了一朵绚丽的小"花"。

胡豆

泡菜水激

　　胡豆即蚕豆，由于它的豆荚形状像老蚕，又成熟于养蚕季节，所以叫蚕豆。从嫩荚里的嫩豆，到老熟的种子，都可作为蔬菜食用。

　　我至今还记着一首民谣：细眉细眼胡豆花，鼓眉鼓眼豌豆花，杂眉杂眼萝卜花。短短三句，形象地勾勒出三种植物开花时花的形态。

　　开花细眉细眼的胡豆，在以前，是重庆人餐桌上的一道美食。嫩胡豆上市了，买来一斤，加水下锅煮熟，拌上酱油、辣椒、花椒面，撒些香葱，就是凉拌胡豆；煮熟后加油下锅炒，就是炒胡豆。在那什么都凭票的艰苦年代，嫩胡豆作菜，是春天时重庆市民的最爱。也可将嫩胡豆拌米面衬底，上面

摆放抹了米面，并且加了
豆瓣、花椒面、盐等调料
的肉片，大火蒸熟，便是
胡豆蒸鲊肉。将肉片换作
肥肠，便是胡豆蒸肥肠。

　　这两样荤菜，在那个年代，
算是奢华的享受了。

　　老胡豆最常见的吃法，是春节前，捡一块泡沙石回来，将其打成颗粒，淘
洗干净，入锅炒干，然后下一点桐油，待锅里沙石炒得滚烫后，将用热水浸泡
后的干胡豆下到锅里，同沙子一起翻炒。不一会儿，锅里"呼呼啪啪"一阵炸响，
又酥又脆又香的炒胡豆就炒好了。在过节的日子里，家里来了客人，主人家会
端一盘炒胡豆出来；家里小孩子出门玩耍，兜里也会装一些，不时掏出一颗，
放进嘴里，嚼得"啪啪"直响。

　　老胡豆也能入菜。最寻常的是将胡豆入锅干炒，炒熟后加水煮，炣软后起
锅沥干水分，然后下锅加菜油炒，作为夏天佐稀饭的最佳菜肴。也有将干胡豆
用水浸泡，泡软后，剥去外壳，只要里面的胡豆瓣，同着泡酸菜炒香后，加水
煮汤，作为夏天里解暑提神的上品汤。如若再在汤里加一些肉片，那就更加鲜
美了。

　　但最能体现重庆人智慧和性格的，是泡菜水激胡豆。

　　泡菜水即泡咸菜的汁水。那年月家家都有泡菜坛子，泡的都是居家过日子
常吃的咸菜，例如仔姜、红白萝卜、青菜头、豇豆、青红辣椒、苦芥、藠头等。
不少人家常常是从泡菜坛子里抓一碗咸菜，用手撕碎，往桌上一搁，全家人就
围着桌子，就着咸菜，"唏唏哗哗"喝开了稀饭。

　　稀饭毕竟不经饿，不一会儿肚子就会"咕咕"直叫，特别是长身体的孩子。

做父母的望着挨饿的孩子，心里直泛酸。聪明的家长就想到了胡豆，用胡豆佐稀饭，抵饥、抗饿。吃稀饭都是在夏天。夏天天热，人的身子常犯乏，大人们就想到胡豆里应该加一些提神、醒脑、开胃的东西。泡菜水就是首选。

大人们先从泡菜坛子里舀一碗泡菜水，然后将胡豆下锅，细火慢炒，待炒得胡豆表皮微微由红转黑时，起锅铲在泡菜水里。滚烫的胡豆倒进冰凉的泡菜水里，"哧"地激起一股热气。这时赶紧用一只较小一些的碗，倒扣着盖在胡豆上，置放两三个小时，待胡豆浸泡软了，就可以食用了。

泡菜坛子里的泡菜水，家家都是不换的，有些人家的泡菜水已经用了几十年了。常年累月泡的各类咸菜的味道积累在泡菜水里，会形成一股复合的、形容不出的味道。这些味道经过短暂的激热，渗入胡豆体内，同胡豆的本味融合，顿时形成一股特殊的鲜香味。

泡菜水激的胡豆，入口是一股微微的咸酸味，一嚼，是胡豆的香味，再嚼，唇舌间涌出的有辣味，有姜味，有青菜头味，也有苦芥味、藠头味……凡是泡菜坛子里泡过的菜，它们味道在嘴里轮番散发出来。若遇到泡菜坛子里刚泡了辣椒，吃的人还会被辣得咂舌嘘气。

泡菜水激的胡豆，不像水煮的那样软，而是软中带点硬，吃不快，必须慢慢嚼。这一嚼，让人觉得越嚼越有味，索性扒一些堆在碗里，出门让左邻右舍都品尝一下。

重庆人激胡豆的吃法，一直沿袭到艰苦年代结束。在我的记忆里，大约是20世纪80年代中期，取消各种票证后才算结束。

如今，重庆人很少吃激胡豆了，不少年轻人不仅没有吃过，可能连有这道菜都不知道。但从艰苦年代过来的老重庆人，谈到此菜，仍然津津乐道，勾起他们的许多回忆。

炒米糖开水
之味

　　记不清有多少次，我在和朋友们回忆过去年代的种种趣事、趣物、趣味的时候，常常为那些曾经伴随我们度过童年时代、少年岁月，而在时光流逝之中不复留存的美味小吃津津乐道，在惆怅眷念之余，我们还有一种痛心的失落之感。

　　"炒米糖开水"是 20 世纪四五十年代流行于重庆街头的小吃。作为小吃，炒米糖开水是最简单不过的了：先在碗里放一些白糖和猪油，再放事先炒香的大米，最后冲入开水，用调羹搅一下，让炒米浸些糖水，就成了。不过，这一搅，一股特殊的香气就扑鼻而来。

　　过去在朝天门、千厮门，在大阳沟、七星岗，

无论严寒还是酷暑，总有小贩挑着茶炉担子，走街串巷兜售炒米糖开水，为爬坡下坎的力夫贩卒暖身解渴，为无忧无虑的老叟孩童"香嘴"解馋。许多文艺作品都把"炒米糖开水"作为描写老重庆的素材——朦胧的晨雾中，伴随着瓮声瓮气的轮船汽笛声，一个佝偻的身躯挑着茶担，在走不完的石梯上，在穿不尽的小巷中，发出一声声苍凉的呐喊"炒米糖——开水"。

我小时候常与街坊小伙伴去东水门长江边游泳——那时叫"洗澡"。回来的时候，我们必在东水门城门洞歇脚，为的是在此处喝一碗炒米糖开水。卖开水的是一位慈祥的老婆婆。见我人小，老婆婆总是在我的碗中多加一些白糖。就是这一调羹白糖，让小伙伴们羡慕得不得了。在疲惫劳累之余，尝一口炒米糖开水，甜丝丝、香喷喷、热乎乎，让人立刻感到有一种说不出的舒坦。

其实品炒米糖开水的乐趣并不在又香又甜的味道上，而是在于怀旧的情趣之中。流年似水，如今"炒米糖——开水"这句吆喝声早已随江水流逝，但这句折射老重庆地域文化的"市声"，却让多少"老重庆"回味无穷。

梆梆糕、烧饼 之韵

　　过去的重庆城，山高路不平，运输靠肩挑背磨，老重庆的小手艺人、小生意人便与挑子结下了不解之缘。卖抄手的、卖炒米糖开水的、卖担担面的、卖糖关刀的、卖醪糟粉子的……莫不是以一副挑挑闯江湖。在众多的挑子中，有一副挑子最叫人梦萦。过去在城区的大街小巷，下午和晚上常常可以看见一些小贩肩挑火炉，手拿木棍，一边走一边敲打挑子头上吊着的竹节，竹节便发出"梆，梆梆"的声音。听见梆梆声，人们就知道卖"梆梆糕"的来了。你若要吃，小贩就在平底锅上抹油，再把事先蒸熟切好的白糕一块一块放进锅，煎烙成两面金黄，然后用菜叶垫好交给你。

梆梆糕是一种米糕，香甜、滋润，外焦酥、内软糯，诱人食欲。不仅老人爱吃，它对孩童的诱惑力也极大。所以梆梆糕挑子的一出现，后面总是跟着一群"小崽儿"，这些"小崽儿"一边吞着口水，一边跳起脚脚唱"梆梆糕，'咄咄咄'，里面装的是耗子药，大人吃了没得事，娃儿吃了跑不脱"。反正唱归唱，吃归吃，只要手中有了钱，买梆梆糕仍是首选，你说跑不脱，就让他跑不脱，先把馋虫喂了再来说。

市井小吃中最让人刻骨铭心的莫过于"烧饼"。烧饼是用炉灶烤制而成，有芝麻附在上面，很香，表皮很脆。在 20 世纪五六十年代，烧饼是市民早点的主打品种之一。很多人是吃着烧饼长大的，一个烧饼吃了几十年，从 3 分钱一个吃到 2 元钱一个，仍感觉没吃够，只要一见到烧饼，他们总要买上一两个来解馋。

记忆中的烧饼永远比眼前的烧饼美好。那时候我们学校旁有打烧饼的摊子，一天上学路过，我经不住烧饼喷香气味的诱惑，掏出 3 分钱买了一个，顾不得才出炉的烧饼烫嘴，边走边啃，走到教室时烧饼刚好吃完，还意犹未尽。我看见昨天语文考试成绩只有 3 分——刚好及格，便悄声嘟哝，"3 分好，3 分好，不留级，不补考，买个烧饼吃得饱"。不曾想这句自我解嘲的话，在同学中成

为时髦言子流行开来。

锅盔，是烧饼的一种。制作锅盔时先把老面与面粉拌和揉匀发酵，然后把面团搓成条，再揪成小坨，用小擀面扦擀成圆形饼坯。擀饼时要不停地把饼坯往案板上摔，同时用小擀扦不停地有节奏地敲打案板。这摔饼和敲打发出"嗒嗒，啪"的声音传得很远很远。饼坯做好了要先烙一下，然后放入炉膛里烤成二面黄至酥香即可。锅盔是夹层的，食客可以根据自己的口味爱好，在里面夹上各种菜肴吃，最典型的是锅盔夹凉面、锅盔夹卤肉。

现在主城区打烧饼的摊子在逐渐消失，即使能见到的为数不多的几个烧饼摊也是在风雨飘摇之中了。

水八块、豆鱼

之恋

如果说饮食挑子是重庆独特市井文化的组成部分，那么提篮叫卖就是巴渝饮食文化的又一道风景线。提篮走街叫卖，大多卖的是"香嘴"吃耍的"香香"（或叫"间食"）。"香香"，按现在的说法是"休闲食品"。吃香香是老重庆人的生活习惯和人生乐趣。

在保安路（现在的八一路），有众多饮食店，又有几所影剧院，那里是重庆有名的好吃街，是好吃狗的乐园。入夜，华灯初上，灯红与酒绿交映，香汤和乳雾共色，叫卖声、吆喝声、车笛声相映成趣，小吃、烧腊应有尽有。在熙熙攘攘的人流中，总有胸前捧一竹筐，竹筐的边用一布带拴好悬于颈上的

小贩穿行在其间。小贩们巧声吆喝，不厌其烦地兜售水八块、卤鸡爪、酱豆干、炸麻雀、串盐大蒜、串洋姜、盐茶蛋、椒盐花生……少男少女中有"五香嘴"早已禁不住一股股香味的诱惑和一声声吆喝的挑逗，舌下滴涎，于是停下脚步，选上一两只卤鸡爪、三四块酱豆干、五六串洋姜、盐大蒜，或走着吃耍，或边看电影边"香嘴"。

卖水八块的小贩来到人流量大的街边，将收折木架放开摆稳，放上长方形的竹编提篮，揭开遮盖在篮子上的纱布，然后扯起喉咙喊："来哎——水八块，吃了一块想两块。"篮子的一头放着片得又大又薄的熟猪头肉，另一头摆放着调兑好麻辣作料的土钵，中间放着一把干净竹签，等着客人光顾。

"豆鱼"是先将豆油皮卷裹绿豆芽、韭菜、肉丝，制成长条形，然后烙成金黄色起锅。因其形态像鱼，因而得名。豆鱼具有"色泽金黄，多味鲜香，脆嫩爽口"的特色，是当年最典型的"香香"之一。

夜深人静时，"买豆——鱼，麻辣的豆鱼"这样的吆喝声，总会飘荡在小巷楼道。经过半夜紧张"方城大战"的麻友们肚里早已在唱空城计，闻得吆喝之声，赶紧叫住小贩，可又惜步如金，不想离开麻将桌，就用长绳拴个小提篮，

篮中放碗盘，再放上钱，把提篮从楼上窗口放下。楼下小贩接住提篮，按篮中钱的多少，将豆鱼取出放在碗盘里，淋上作料。楼上的人再慢慢地把提篮提回，李少爷，王大姐，边搓麻将，边尝"钓"得的豆鱼，不亦乐乎。

　　街巷小吃，市井吆喝，常常是一个城市不同时代、不同风情的折射。小贩吆喝时，有时把尾音拖得极长，十分悦耳。几十年过去了，重庆人的"香香"已发生了很大的变化。"年年岁岁人相似，岁岁年年花不同"，香嘴吃耍的卤鸡爪、洋姜、盐大蒜，已被酸辣粉、麻辣串、烤香肠取代；小贩卖货不再手提篮篮，而是手推车车；叫卖使用带录音的喇叭，不须扯起喉咙干吼。如今美食百花齐放，争奇斗艳，"来哎——水八块""买豆——鱼""盐茶——鸡蛋"这样的吆喝已被人们淡忘了。

熨斗糕、提丝发糕

之迷

　　重庆的许多小吃名字取得非常美，如猪儿粑、珍珠糍、八宝饭、长寿面、四喜汤圆、鸳鸯包子等，让人见了其名，仿佛已闻了其香。但有些小吃的名与实大相径庭，让人一头雾水。重庆街头有两种名字怪怪的小吃——熨斗糕、提丝发糕。

　　熨斗糕是一种烙制的米糕，制作的工序不是十分复杂。以铁桶敷炉，炉中燃炭火，火上置一二十个圆柱形铁质烙碗。制糕人先用一只绑有布条的筷子，在装有油和水的碗里蘸一下，然后伸进烙碗里一一抹匀。由于既有油又有水，热热的烙碗发出"哧哧"的声音。这种声音虽然没有音乐那么悦耳，但十分吸引食者。制糕人把经发酵的米浆装入烙碗（有

些还在米浆中加一小坨果料），不一会烙碗里便散发一股香味，香味中还带有一丝丝好闻的酸气。熨斗糕用小火烙制，当米糕的底面烙好时，制糕人就用细长的铁签将之挑起翻个面。制糕人在烙制中要不断调整烙碗的位置，用特制的铁钳把炉中央的夹到炉边，又把炉边的调整到中央，使每个米糕都受热均匀。烙制好的米糕色泽金黄，爽口香甜，松泡酥软。

为什么人们把这种米糕叫作"熨斗糕"？有人说：熨斗糕的样子像熨斗。但从外观上看，这种米糕或制米糕的烙碗与熨斗没有丝毫的共同点，显然，熨斗糕的样子像熨斗的解释是望文生义的牵强附会。不管熨斗糕与熨衣服的熨斗关系如何，反正熨斗糕的美味得到了市场和食客的认可，鸡蛋果料熨斗糕还曾被评为重庆市名特小吃，于1981年入选中日合拍的大型画册《中国名菜集锦》。

熨斗糕可能是重庆（或四川）特有的小吃，过去许多小吃店都有售。但在饮食长河后浪推前浪的冲击下，熨斗糕和许多正在消失的市井小吃一样，命运不济。如今专门的小吃店已不经营了，如果你想重温吃熨斗糕的旧梦，那得到背街小巷觅其踪影了。

大多数重庆人都吃过发糕，但知道"提丝发糕"的重庆人可能不是很多。提丝发糕是重庆的一道著名小吃，这种发糕有三奇。一是用料奇：做发糕一般是用米面为原料，比如伦教糕、黄糖糕、白蜂糕等，提丝发糕却是用麦面做的。二是形状奇：发糕绝大多数是块状，比如方块、条块、菱形块，提丝发糕却成丝状。三是烹法奇：一般发糕只经过发酵和蒸制两道工序，即为成品，而提丝发糕经过发酵、蒸制两道工序只能算是半成品，它还要有第三道工序——炒糕。

提丝发糕的制作过程比较复杂：先在面粉中放饴糖和水，加酵面揉匀，使其充分发酵；加入苏打粉、白糖、猪油揉匀，压平，用擀面杖擀成薄片，搓条，再切成节；放在笼中用旺火蒸熟，取出趁热抖散，即成糕丝。提丝的丝状就是这样来的，但这还只是半成品，要制成成品还要经过炒糕这道工序。把糕丝放在200℃左右的油锅中快速炒制，待猪油浸入糕丝时即熄火，加入白糖、蜜桂花，用竹筷轻轻和匀，然后装入盘中，撒上芝麻和切碎的蜜饯。提丝发糕质地绵糯，口感柔润香甜，是老幼皆喜的食品。

提丝发糕很具特色，但制作提丝发糕对厨师的技术要求较高。眼下，会制作提丝发糕的厨师已经是凤毛麟角了。提丝发糕会不会在不久的将来从我们的菜单中消失呢？如果是，不能说不是一种遗憾。

后记

WEIDAO
CHONGQING

味 道 重 庆

不满足和标新立异，是人类一大天性。也多亏这一天性，饮食领域才呈现出多姿多彩、品种各异的美味佳肴。倘若淮南王刘安墨守成规，老老实实地嚼黄豆，能发明出鲜嫩可口的豆腐吗？倘若苏东坡不异想天开，会有东坡肘子吗？大诗人屈原若没食菊，会有"朝饮木兰之坠露兮，夕餐秋菊之落英"的诗句吗？……可见，饮食上的创新，不仅为人们增添了美味，还赋予了美食文化底蕴和传说的魅力。

乡土美食，往往是由最不起眼的民间厨师或者家庭主妇在无意中创造、发现、开发出来的。它带着泥土的芳香，草根的青涩，在乡村场镇，在市井坊间，默默地奉献着自己的美味。或许在不经意间，它就飞出了这些地域，走进了更加广阔的空间。

重庆乡土美食，像一颗颗璀璨的珍珠，撒落在巴山渝水的大街小巷、村落院坝，几乎每一道菜品就是一个故事，每一款小吃就有一段传奇。为使大家在怡情山水、寻幽览胜之时，问食民间、朵颐求快，也为让大家在休闲娱乐、饭毕茶余之际，忆食坊间、津津齿颊，我们把那些散落的珍珠串织起来，编撰了这本可以算作食导的书。然而，颇为遗憾的是，随着城市的发展变迁，一些文中提到的食肆小馆也不见了踪迹，只能留在记忆中了。

本书在编撰过程中，得到了《四川烹饪》杂志社执行总编王旭东，重庆中华食文化研究会会长唐沙波，重庆鼎道餐饮管理有限公司总经理李盛开、技术总监朱国荣，《四川烹饪》杂志编辑社代理总编辑田道华，深圳甘棠明善餐饮公司产品管理部总经理胡罡，四川维尼纶厂彭静女士的大力支持和帮助。唐沙波、田道华也为本书撰写了部分篇章，本书大部分图片由田道华、胡罡提供。在这里一并表示谢意。

编者